Histoire naturelle des familles et sous-familles endemiques d'oiseaux de Madagascar

Marie Jeanne Raherilalao & Steven M. Goodman

Association Vahatra
Antananarivo, Madagascar

2011

Publié par l'Association Vahatra
BP 3972
Antananarivo (101)
Madagascar
edition@vahatra.mg

Editeurs de série : Marie Jeanne Raherilalao & Steven M. Goodman

ISBN 978-2-9538923-2-1

Carte par Herivololona Mbola Rakotondratsimba
Page de couverture et mise en page par Malalarisoa Razafimpahanana

La publication de ce livre a été généreusement financée par une subvention du Fond de Partenariat pour les Ecosystèmes Critiques (CEPF)

Imprimerie : Graphoprint
Z. I. Tanjombato, B. P. 3409, Antananarivo 101, Madagascar.
Dépôt légal n° 413, décembre 2011. Tirage 1.500 ex.

Objectif de la série de guides de l'Association Vahatra sur la diversité biologique de Madagascar.

Au cours des dernières décennies, des progrès énormes ont été réalisés concernant la description et la documentation de la flore et de la faune de Madagascar, des aspects des communautés écologiques ainsi que de l'origine et de la diversification des myriades d'espèces qui peuplent l'île. Nombreuses informations ont été présentées de façon technique et compliquée, dans des articles et ouvrages scientifiques qui ne sont guère accessibles, voire hermétiques à de nombreuses personnes pourtant intéressées par l'histoire naturelle. De plus, ces ouvrages, uniquement disponibles dans certaines librairies spécialisées, coûtent cher et sont souvent écrits en anglais. Des efforts considérables de diffusion de l'information ont également été effectués auprès des élèves des collèges et lycées concernant l'écologie, la conservation et l'histoire naturelle de l'île, par l'intermédiaire de clubs et de journaux tel que Vintsy, organisés par WWF-Madagascar. Selon nous, la vulgarisation scientifique est encore trop peu répandue, une lacune qui peut être comblée en fournissant des notions captivantes sans être trop techniques sur la biodiversité extraordinaire de Madagascar. Tel est l'objectif de la présente série où un glossaire définissant les quelques termes techniques écrits en gras dans le texte, est présenté à la fin du livre.

L'Association Vahatra, basée à Antananarivo, a entamé la parution d'une série de guides qui couvrira plusieurs sujets concernant la diversité biologique de Madagascar. Nous sommes vraiment convaincus que pour informer la population malgache sur son patrimoine naturel, et pour contribuer à l'évolution vers une perception plus écologique de l'utilisation des ressources naturelles et à la réalisation effective des projets de conservation, la disponibilité de plus d'ouvrages pédagogiques à des prix raisonnables est primordiale. Nous introduisons par la présente édition le troisième livre de la série, concernant les oiseaux endémiques de Madagascar.

Association Vahatra
Antananarivo, Madagascar
18 octobre 2011

Aux pionniers modernes de l'ornithologie malgache,

qui comprennent, parmi tant d'autres, Otto Appert, Jean Delacour,

Frank Hawkins, Olivier Langrand, Philippe Milon, Austin L. Rand,

George Randrianasolo et Lucienne Wilmé.

TABLE DES MATIERES

PREFACE

Malgré le déclin accéléré de la biodiversité au niveau mondial depuis plusieurs décades, témoigné par la raréfaction et la disparition de certaines espèces, Madagascar est l'un des rares endroits qui abritent un taux d'endémisme élevé de la faune et de la flore, y compris les familles et sous-familles endémiques. Scientifiques et visiteurs du monde entier restent émerveillés par l'extraordinaire diversité et la prodigieuse richesse du biote malgache. Est-il besoin de rappeler que la faune ornithologique représente un des éléments fondamentaux de celui-ci ?

Grâce à de nombreux travaux entrepris par les chercheurs nationaux et internationaux, la connaissance de cette avifaune malgache a pris un essor extraordinaire. Cependant beaucoup restent encore à découvrir et à comprendre.

Les passionnés d'oiseaux et les conservationnistes peuvent contribuer de manières différentes à l'orientation des actions à entreprendre en matière de protection de la communauté aviaire. L'Association Vahatra, par exemple, est parmi ceux qui se préoccupent de la conciliation des recherches et des publications des résultats riches en informations pertinentes, à jour et à la portée des scientifiques et du public. Elle a mis à notre disposition un nouveau ouvrage intitulé « Histoire naturelle des familles et sous familles endémiques d'oiseaux de Madagascar ». Ce document représente une mine d'informations qui permettra aux chercheurs, aux écotouristes et aux étudiants de satisfaire leur soif de connaissance ainsi que d'apprécier une fois encore la beauté, la richesse et la particularité de la biodiversité malgache.

A travers cet ouvrage, les auteurs nous amènent à nous familiariser avec les cinq familles et les deux sous-familles endémiques malgaches en nous rappelant leur histoire naturelle, leur distribution géographique ainsi que leurs caractéristiques écologiques. Ils n'ont pas omis de parler des problèmes de conservation de ces espèces, volet important de l'avenir de l'avifaune unique de Madagascar et du monde.

Je suis persuadé que ce livre contribuera à ancrer l'idée que le progrès des connaissances ornithologiques pourrait être un puissant facteur de développement des recherches scientifiques à Madagascar.

Dr. Lily-Arison Rene de Roland
Directeur National du Projet
« The Peregrine Fund Madagascar »

REMERCIEMENTS

Ces dernières décennies, un nombre croissant de scientifiques et d'étudiants chercheurs effectuent des recherches sur les oiseaux de Madagascar et grâce aux informations qu'ils ont récoltées, la connaissance sur les oiseaux malgaches s'est considérablement accrue. A toutes ces personnes, nous exprimons nos sincères remerciements. Nous citons par ordre alphabétique : Tolojanahary Andriamalala, Rado Andriamasimanana, Aristide Andrianarimisa, Tsiry Andrianoelina, Solofo Andriatsarafara, Otto Appert, Jim Berkelman, Pierre Charles-Dominique, Philippe Chouteau, Adrian Craig, Astrid Cruaud, feu Charles Domergue, Robert Dowsett, Will Duckworth, Kazuhiro Eguchi, Jonathan Ekstrom, Emahalala Rayonné Ellis, Mike Evans, feu Alex Forbes-Watson, Jérôme Fuchs, Charlie Gardner, Tom Gnoske, Dominique Halleux, Frank Hawkins, Teruaki Hino, Sarah Karpanty, feu Stuart Keith, Olivier Langrand, Richard Lewis, Peter Long, Tomohisa Masuda, Raoul Mulder, Hisashi Nagata, Masahiko Nakamura, Takayoshi Okamiya, Eric Pasquet, Mark Pidgeon, Jean-Marc Pons, Rick Prum, Mike Putnam, Rivo Rabarisoa, Jeanneney Rabearivony, Marc Rabenandrasana, Orly Rabeony, Zarine Rabeony, Simon Rafanomezantsoa, Jean-Eric Rakotoarisoa, Haja Rakotomanana, Felix Rakotondraparany, Marius Rakotondratsima, Daniel Rakotondravony, Odon Rakotonomenjanahary, Michel Rakotoson, Lucien Rakotozafy, Juliot Ramamonjisoa, Julien Ramanampamonjy, Narisoa Ramanitra, Robert Ramariason, Voninavoko Raminoarisoa, Ignace Randriamanga, Jean-Jacques Randriamanindry, feu George Randrianasolo, Harison Randrianasolo, Voara Randrianasolo, Donatien Randrianjafiniasa, Doris Rasamoelina, Achille Ratsaralahy, Mamy Ravokatra, Jean-Claude Razafimahaimodison, Gilbert Razafimanjato, Suzane Razafindramanana, Tiana Razafindratsita, Lily-Arison Rene de Roland, Harilalaina Robenarimangason, Roger Safford, Sam The Seing, Tom Schulenberg, Derek Schuurman, Nathalie Seddon, Tamás Székely, Jean-Marc Thiollay, Paul Thompson, Russell Thorstrom, Joe Tobias, Eiichiro Urano, Marie Clémentine Virginie, Rick Watson, David Willard, Lucienne Wilmé, Friederike Woog, Satoshi Yamagishi, Glyn Young, Steve Zack, Sama Zefania et Wolfram Zehrer.

Pendant des années, nous avons réalisé un grand nombre d'inventaires biologiques sur l'île avec Achille P. Raselimanana, Voahangy Soarimalala et Rachel Razafindravao (dit Ledada) et nous les remercions pour leur grande aide. Nous aimerions également exprimer notre reconnaissance à Madagascar National Parks (MNP, ex-ANGAP), à la Direction du Système des Aires Protégées et à la Direction Générale de l'Environnement et des Forêts pour avoir accordé les autorisations de recherche ; notre reconnaissance s'adresse également à Daniel Rakotondravony,

Hanta Razafindraibe et à feue Olga Ramilijaona, Département de Biologie Animale, Université d'Antananarivo, Antananarivo, pour leur aimable assistance dans les multiples détails administratifs.

Les travaux de terrain et de recherche à Madagascar ont été généreusement appuyés par le Fond de partenariat pour les écosystèmes critiques (CEPF), John D. et Catherine T. MacArthur Foundation, National Geographic Society (6637-99 et 7402-03), National Science Foundation (DEB 05-16313), Volkswagen Foundation et les programmes WWF US et WWF Madagascar et océan Indien occidental. Par ailleurs, la publication de ce livre n'aurait été possible sans l'aide de différentes institutions et personnes physiques. Nous sommes reconnaissants au Fond de partenariat pour les écosystèmes critiques (CEPF) de Conservation International pour avoir financé l'édition de ce livre. Le Fond de partenariat pour les écosystèmes critiques est une initiative conjointe de l'Agence française de Développement, de Conservation International, du Fonds pour l'Environnement Mondial, du gouvernement du Japon, de la Fondation MacArthur et de la Banque Mondiale, et dont l'objectif principal est de garantir l'engagement de la société civile dans la conservation de la biodiversité.

Malalarisoa Razafimpahanana s'est occupé de la compilation du livre et nous lui sommes reconnaissants pour son attention méticuleuse aux détails. Nous sommes sincèrement reconnaissants à Elodie Van Lierde et Claude Myriam Rakotondramanana qui a énormément contribué à la préparation de ce livre. Nous tenons également à remercier un certain nombre d'autres amis et collègues qui aident à différents points, surtout Paul E. Berry, Martin Callmander, Laurent Gautier, Pete Phillipson et Roger Safford.

Nos vifs remerciements s'adressent également à Nick Athanas, à Ken Behrens, à Nick Block, à Olivier Langrand, à Achille P. Raselimanana, à Lily-Arison René de Roland, à Harald Schütz et à Voahangy Soarimalala pour nous avoir permis d'utiliser leurs photos et à John W. Fitzpatrick, à Velizar Simeonovski et à Mike Skakuj pour leurs dessins pour illustrer ce livre. Nous sommes également très reconnaissants à Foiben-Taosarintanin'i Madagasikara, The American Museum of Natural History, The Wilson Ornithological Society et The American Ornithologists' Union pour nous avoir permis de reproduire dans ce livre leurs illustrations.

Marie Jeanne Raherilalao tient à remercier sa famille pour ses encouragements, soutien et compréhension dans tout ce qu'elle fait. Steven M. Goodman voudrait remercier Asmina Gandie et Hesham Goodman pour leur patience malgré ses absences fréquentes de la maison et les départs tôt le matin, et de lui avoir donné la liberté de suivre sa passion pour les animaux de Madagascar grâce à son poste au sein du Field Museum of Natural History. Nous aimerions également remercier Dr. Lily-Arison Rene de Roland pour avoir accepté de composer le préface.

PRESENTATION DU LIVRE

Ce livre vise une large audience, et bien que nous ayons essayé d'éviter l'utilisation de trop nombreux termes techniques, cela a été inévitable dans certains cas. Les mots ou termes écrits en gras dans le texte sont définis dans la section glossaire (Partie 3) à la fin du livre. En outre, étant donné que les noms vernaculaires communs en malgache des oiseaux endémiques malgaches sont très différents selon les dialectes et qu'ils sont inconnus à la fois des scientifiques et des passionnés de la nature, nous les appellerons largement par leurs noms scientifiques. Dans certains cas, nous employons des noms non-scientifiques génériques pour désigner les différents groupes d'oiseaux. Les noms scientifiques s'écrivent en *italique* lorsqu'ils désignent un organisme au niveau du genre et de l'espèce. De plus, lorsqu'un nom de genre est cité plusieurs fois dans une même phrase ou paragraphe, celui-ci peut être abrégé. Dans le système de **classification** zoologique, une **hiérarchie** nette est établie, afin de refléter l'**histoire évolutive** ou **phylogénie** des organismes, et plus spécifiquement le processus d'**ancêtre**. Ceci est illustré dans le Tableau 1.

L'**avifaune** de Madagascar est particulièrement riche, spécialement dans les genres et les espèces qui sont uniques sur l'île et qui n'existent nulle part ailleurs dans le monde, ces espèces sont alors appelées **endémiques**. Alors que de nombreux oiseaux endémiques se trouvent à Madagascar, beaucoup de ces genres sont également présents en Afrique et sur les autres îles de l'océan Indien occidental, ou dans quelques cas, en Asie et sur d'autres îles de la région. Notre objectif avec ce livre est de fournir des détails sur l'histoire naturelle des groupes d'oiseaux malgaches endémiques aux **niveaux supérieurs**. Ici, nous entendons spécifiquement au niveau de la sous-famille et au-dessus, tel qu'indiqué au Tableau 1.

Tableau 1. Classification hiérarchique des oiseaux, avec un exemple précis jusqu'au niveau de la sous-espèce, *Coua cristata pyropyga*. Les niveaux **taxonomiques** pour cet oiseau **endémique** à Madagascar sont en caractères gras.

Règne – Animalia
Embranchement – Chordata
Classe – Aves
Ordre – Cuculiformes
Famille – Cuculidae
Sous-famille – Couinae
Genre – *Coua*
Espèce – *cristata*
Sous-espèce - *pyropyga*

Dans la deuxième partie du livre sous la section « Les généralités sur les différents groupes des oiseaux endémiques » et particulièrement dans « Distribution et habitat », nous ne présentons pas les cartes de chaque espèce, mais plutôt une description écrite de leur aire de répartition géographique. Nous sommes en train de préparer des cartes de distribution qui figureront dans un futur atlas de la **biodiversité** de Madagascar. Alors que certains lecteurs estiment important de connaître les références scientifiques utilisées pour statuer sur certains points, d'autres peuvent les trouver encombrantes. Afin de trouver un compromis entre ces deux cas, nous utilisons un système de numérotation discret qui cite les études concernées et qui sont ensuite listées dans la partie des références bibliographiques à la fin de ce livre.

De nombreux guides de terrain ont été publiés en anglais et en français sur les oiseaux malgaches et sur ceux qui vivent sur les îles voisines (98, 99, 125, 168), mais ce sont des résumés très concis, présentant très peu de détails sur la vie de ces organismes et sur leur **histoire naturelle**. Etant donné que ces livres nous fournissent une base solide pour l'identification des oiseaux régionaux, nous nous concentrerons ici sur les oiseaux uniques de Madagascar et fourniront des informations sur la manière dont ils ont évolué, et sur leur caractère unique parmi les splendeurs de Madagascar et du patrimoine naturel mondial. Alors que beaucoup de ces détails ont été accessibles pour les scientifiques et spécialistes, les résumés non techniques de plusieurs décennies de terrain et de recherche en laboratoire n'ont pas été mis à la disposition du public, ce qui est le principal intérêt de ce livre, en particulier les oiseaux **endémiques** aux niveaux taxonomiques élevés.

La connaissance fournit l'autonomisation. Nous espérons que les gens apprendront davantage sur la **biodiversité** qui constitue leur **patrimoine naturel**, et que les aspects de la protection et de la conservation deviendront plus prioritaires dans leurs vies. Ceci à son tour donnera raison et incitera à préserver les écosystèmes naturels restants et leurs éléments constitutifs, que sont les espèces. Madagascar est un excellent exemple de la nécessité d'avancer rapidement de cette manière et pour les Malgaches eux-mêmes d'avoir un intérêt actif toujours croissant pour les écosystèmes forestiers uniques et irremplaçables de l'île. Ainsi, le but de ce livre est de faire passer ce message à l'intention de ceux qui sont intéressés mais qui n'ont pas eu facilement accès à ce type d'information.

PARTIE 1. INTRODUCTION SUR LES OISEAUX

QUE SONT LES OISEAUX ?

Les oiseaux sont des animaux qui pondent des œufs, ont des plumes, et qui peuvent pratiquement tous voler, sauf pour quelques-uns des plus grandes espèces. Bien que ces trois aspects réunis, définissent les oiseaux, il existe des mammifères qui pondent des œufs (l'Ornithorynque, *Ornithorhynchus anatinus*, d'Australie et de Tasmanie) et qui peuvent voler (les chauves-souris, ordre des Chiroptera), et le fait d'avoir des plumes est en effet unique chez les oiseaux. Les plumes sont en fait des écailles modifiées de reptiles, mais cet aspect est abordé plus en détail dans la section intitulée « L'histoire des premiers fossiles d'oiseaux en tant que dinosaures à plumes ».

Les oiseaux varient en taille, allant de très petits animaux, ayant la taille d'une grande abeille, à l'autruche massive et incapable de voler. Cette dernière est le plus grand oiseau vivant sur Terre, atteignant une hauteur de plus de 2,7 m et pesant plus de 150 kg. Les œufs pondus par l'autruche peuvent peser jusqu'à 1,4 kg, ils sont l'équivalent en volume d'environ 24 œufs de poule, et sont suffisamment épais pour être utilisés comme des « jerrycans » pour le transport de liquide par les populations africaines. Parmi les quelques 10 000 espèces d'oiseaux dans le monde, il existe des différences considérables dans la taille et dans leur **histoire naturelle** : leurs façons de vivre, de se nourrir, etc.

Pour la plupart d'entre nous, lorsque quelqu'un demande ce qu'est un oiseau, il est facile de répondre en parlant de poulets domestiques, de canards, d'oies et de dindes, qui font partie de notre alimentation, et qui font parfois de délicieux repas lors d'occasions spéciales. Dans tous les cas, ces oiseaux **domestiques** ne sont pas naturellement présents à Madagascar, mais ils ont été **introduits** par l'homme en provenance d'autres régions du monde au cours des 1200 dernières années. Par exemple, les dindes trouvent leur **origine** dans le **Nouveau Monde**, spécifiquement en Amérique centrale et au Sud de l'Amérique du Nord, les poulets sont quant à eux originaires ou **autochtones** d'Asie du Sud-est. Ainsi, ils font partie des oiseaux **exotiques** ou **allogènes** de Madagascar.

D'autres personnes vivant à Madagascar pourraient répondre à cette question en mentionnant le *fody mena*, un petit oiseau commun dans les zones urbaines et rurales de Madagascar (Figure 1). Cet oiseau, dont le nom scientifique est *Foudia madagascariensis*, est en effet une espèce **endémique** à Madagascar, mais le genre *Foudia* se trouve également sur différentes îles de l'océan Indien occidental, il n'est donc pas endémique à Madagascar au niveau du genre. Chose intéressante, peut-être dû au plumage rouge vif du mâle de *Foudia* adulte ou à leur joli chant, cette espèce a été introduite dans différentes îles de l'océan Indien, comme Maurice, La Réunion et les Seychelles. C'est donc une espèce d'oiseau endémique malgache qui a été introduite dans d'autres endroits du monde.

Figure 1. Photo de *Foudia madagascariensis*, appelé *fody mena* en malgache. Il est un exemple des espèces **endémiques** à Madagascar, mais a été **introduit** dans les îles voisines de l'océan Indien occidental. D'autres espèces du genre de *Foudia* apparaissent également dans la région. Ainsi, le genre n'est pas uniquement endémique à Madagascar. (Cliché par Nick Athanas.)

Les zones forestières de Madagascar gardent de merveilleux secrets de la nature et les oiseaux ne font pas exception. Que ce soit dans les forêts sèches (**caducifoliées**) de l'Ouest ou les forêts humides (**sempervirentes**) de l'Est (Figure 2), ainsi que la forêt **épineuse** du Sud-ouest (Figure 3), il existe beaucoup d'espèces endémiques qui ne vivent que dans des **habitats** forestiers et ne peuvent être trouvées dans les habitats modifiés par l'homme (**anthropogéniques**), tels que les zones ouvertes, les zones agricoles, et les champs de riz. Il est important de garder à l'esprit que de vastes zones qui sont maintenant des savanes, y compris les zones environnantes Antananarivo, étaient couvertes de forêts naturelles jusqu'à il y a quelques centaines d'années et occupées par de nombreux types d'organismes qui ne se trouvent plus là aujourd'hui. Ces modifications de l'habitat ont eu un impact considérable sur l'**avifaune** endémique. Certains groupes très particuliers et uniques sont parmi ces oiseaux qui **dépendent** des forêts, au niveau taxonomique supérieur, on y trouve notamment

Figure 2. Les deux principaux types des forêts à Madagascar : la forêt humide **sempervirente** de montagne (en haut) est une formation avec une canopée plus basse par rapport à la forêt humide de basse altitude et comporte beaucoup plus d'**épiphytes**. Cette photo a été prise dans la forêt de Lakato aux environs de 1 000 m d'altitude et la forêt sèche **caducifoliée** (en bas) de la forêt de Beanka à l'Est de Maintirano au début de la saison sèche. (Cliché en haut par Voahangy Soarimalala et cliché en bas par Achille P. Raselimanana.)

Figure 3. La formation forestière naturelle du Sud-ouest de Madagascar est la forêt **épineuse**, présentant des caractères d'**adaptation** à la sècheresse. (Cliché par Marie Jeanne Raherilalao.)

les mésites (endémiques - famille des Mesitornithidae), les Couas (endémiques - sous-famille des Couinae), les brachyptérolles (endémiques - famille des Brachypteraciidae), le courol (endémique - famille des Leptosomidae de la région de Madagascar et Comores), les philépittes (endémiques - sous-famille des Philepittinae), les tretrekes (endémiques - famille des Bernieridae) et les vangas (endémiques - famille des Vangidae) (Figure 4, Tableau 2). Ces différents groupes sont bien connus des personnes qui étudient les oiseaux dans une perspective scientifique (**ornithologistes** ou **ornithologues**) ou ceux dont le passe-temps est de regarder les oiseaux dans leur milieu naturel (« **bird-watchers** »). Toutefois, pour le public, ces remarquables joyaux des forêts de Madagascar demeurent largement inconnus, ce qui fait l'objet de ce livre, en particulier dans la Partie II. Ces différents types d'oiseaux devraient être considérés comme faisant partie de l'île et de la population malgache (**patrimoine naturel**) ; et étant donné leur caractère unique, il s'avère important de les protéger pour les générations futures et de les faire connaître au monde.

Tous ces oiseaux uniques à Madagascar volent, bien que les plus faibles, comme les mésites, marchent sur leurs deux pattes en position verticale (**bipède**). La grande

Figure 4. Planche composée des membres de tous les différents groupes cibles dans le présent ouvrage. Il s'agit notamment de **A)** *Mesitornis variegata*, famille endémique des Mesitornithidae (Cliché par Ken Behrens.), **B)** *Coua cristata*, sous-famille endémique des Couinae (Cliché par Harald Schütz.), **C)** *Atelornis crossleyi*, famille endémique des Brachypteraciidae (Cliché par Marie Jeanne Raherilalao.), **D)** *Leptosomus discolor*, famille endémique des Leptosomidae à Madagascar et aux Comores (Cliché par Olivier Langrand.), **E)** *Neodrepanis hypoxantha*, sous-famille endémique des Philepittinae (Cliché par Harald Schütz.), **F)** *Crossleyia xanthophrys*, famille endémique des Bernieridae (Cliché par Marie Jeanne Raherilalao.) et **G)** *Calicalicus madagascariensis*, famille endémique des Vangidae. (Cliché par Marie Jeanne Raherilalao.)

Tableau 2. Liste des espèces d'oiseaux malgaches qui sont **endémiques** au niveau de famille et sous-famille et qui sont marquées en gras. Code pour la distribution : E – forêt **sempervirente** de l'Est, O – forêt **caducifoliée** de l'Ouest, S – forêt **épineuse** du Sud. Les statuts de conservation sont aussi présentés (174). Codes pour les statuts : EN – Espèce en danger EX – Espèce éteinte, NT – Espèce quasi-menacée, LC – Espèce préoccupation mineure, VU – Espèce vulnérable.

Systématique	Nom vernaculaire	Distribution	Statut de conservation
Ordre Gruiformes[1]			
Famille Mesitornithidae			
Mesitornis unicolor	Mésite unicolore	E	VU
Mesitornis variegata	Mésite varié	E, O	VU
Monias benschi	Mésite monias	S	VU
Ordre Cuculiformes			
Famille Cuculidae			
Sous-famille Couinae[2]			
Coua caerulea	Coua bleu	E, O	LC
Coua coquereli	Coua de Coquerel	O	LC
Coua cristata	Coua huppé	E, O, S	LC
Coua cursor	Coua coureur	S	LC
Coua delalandei	Coua de Delalande[3]	E	EX
Coua gigas	Coua géant	E, O, S	LC
Coua reynaudii	Coua de Reynaud	E	LC
Coua ruficeps	Coua à tête rousse	O, S	LC
Coua serriana	Coua de Serre	E	LC
Coua verreauxi	Coua de Verreaux	S	NT
Ordre Coraciiformes			
Famille Brachypteraciidae			
Atelornis crossleyi	Brachyptérolle de Crossley	E	NT
Atelornis pittoides	Brachyptérolle pittoïde	E	LC
Brachypteracias leptosomus	Brachyptérolle leptosome	E	VU
Geobiastes squamiger	Brachyptérolle écaillé	E	VU
Uratelornis chimaera	Brachyptérolle à longue queue	S	VU
Ordre Coraciiformes[4]			
Famille Leptosomidae[5]			
Leptosomus discolor	Courol	E, O, S	LC
Ordre Passeriformes			
Famille Eurylaimidae			
Sous-famille Philepittinae			
Neodrepanis coruscans	Philépitte souimanga	E	LC
Neodrepanis hypoxantha	Philépitte de Salomonsen	E	VU
Philepitta castanea	Philépitte veloutée	E	LC
Philepitta schlegeli	Philépitte de Schlegel	O	NT

Systématique	Nom vernaculaire	Distribution	Statut de conservation
Famille Bernieridae			
Bernieria madagascariensis	Tretreke à bec long	E, O	LC
Crossleyia xanthophrys	Oxylabe à sourcils jaunes	E	NT
Cryptosylvicola randrianasoloi	Randie cryptique	E	LC
Hartertula flavoviridis	Eréonesse à queue étagée	E	NT
Oxylabes madagascariensis	Oxylabe à gorge blanche	E	LC
Randia pseudozosterops	Randie malgache	E	LC
Thamnornis chloropetoides	Nésille kiritika	O, S	LC
Xanthomixis apperti	Tretreke d'Appert	S	VU
Xanthomixis cinereiceps	Tretreke à tête grise	E	NT
Xanthomixis tenebrosus	Tretreke obscur	E	VU
Xanthomixis zosterops	Tretreke à bec court	E	LC
Famille Vangidae			
Artamella viridis	Artamie à tête blanche	E, O, S	LC
Calicalicus madagascariensis	Calicalic malgache	E, O, S	LC
Calicalicus rufocarpalis	Calicalic à œil blanc	S	NT
Cyanolanius madagascarinus	Artamie azurée	E, O	LC
Euryceros prevostii	Eurycère de Prévost	E	VU
Falculea palliata	Falculie mantelée	O, S	LC
Hypositta corallirostris	Hypositte malgache	E	LC
Leptopterus chabert	Artamie de Chabert	E, O, S	LC
Mystacornis crossleyi	Mystacorne de Crossley	E	LC
Newtonia amphichroa	Newtonie sombre	E	LC
Newtonia archboldi	Newtonie d'Archbold	O, S	LC
Newtonia brunneicauda	Newtonie commune	E, O, S	LC
Newtonia fanovanae	Newtonie de Fanovana	E	VU
Oriolia bernieri	Oriolie de Bernier	E	VU
Pseudobias wardi	Pririt de Ward	E	LC
Schetba rufa	Vanga roux	E, O	LC
Tylas eduardi	Tylas à tête noire	E, O	LC
Vanga curvirostris	Vanga écorcheur	E, O, S	LC
Xenopirostris damii	Vanga de Van Dam	O	EN
Xenopirostris polleni	Vanga de Pollen	E	NT
Xenopirostris xenopirostris	Vanga de Lafresnaye	S	LC

[1] Il a été proposé que cette famille doit être placée au sein des Mesitornithiformes, dans ce cas, elle serait endémique à Madagascar (40).

[2] Certains taxinomistes placent les Couinae dans la sous-famille des Phaenicophaeinae, qui comprend à la fois les espèces de la famille des Cuculidae de l'Ancien et du Nouveau Mondes, ce qui classe le couas de Madagascar dans une sous-famille non-endémique à l'île.

[3] Espèce éteinte depuis la fin des années 1800.

[4] Des preuves solides ont montré que cette famille n'appartient pas aux Coraciiformes et doit être placée dans son ordre propre, celui des Leptosomatiformes.

[5] Se rencontre aussi dans les îles des Comores.

majorité de ces oiseaux sont actifs pendant la journée (**diurne**), bien que certaines espèces telles que les brachyptérolles soient actives à l'aube et au crépuscule (**crépusculaires**), lorsque leurs cris peuvent être entendus dans la forêt. Aucune n'est uniquement active pendant la nuit (**nocturne**). Certains groupes parmi ces oiseaux, en particulier les couas et les brachyptérolles, sont de grande taille et se déplacent généralement sur le sol (**terrestre**), bien que certains puissent être trouvés dans la végétation

Figure 5. Les oiseaux **endémiques** de Madagascar ont différentes manières de se déplacer dans la forêt. Les deux principaux modes sont **terrestre** (en haut) comme en témoigne *Coua coquereli* et **arboricole** (en bas) comme le cas de *C. cristata*. (Clichés par Ken Behrens.)

loin du sol (**arboricole**) (Figure 5). D'autres, en particulier les tretrekes et les vangas qui sont généralement de petite taille, sont largement arboricoles et peuvent être trouvés à différents niveaux de la forêt, du sol (**sous-bois**) à la **canopée**.

D'une façon générale, les différentes espèces qui composent ces sept groupes ont tendance à se trouver soit dans les forêts **épineuse**, **sempervirente** ou **caducifoliée** (Tableau 2, Figures 2 et 3). Par exemple, parmi les brachyptérolles, il existe une espèce limitée aux forêts sèches caducifoliées de l'extrême Sud-ouest (*Uratelornis chimaera*) et quatre dans la partie orientale de l'île (*Atelornis pittoides*, *A. crossleyi*, *Geobiastes squamiger* et *Brachypteracias leptosomus*) (Figure 6). Dans d'autres cas, en particulier parmi les vangas, certaines espèces peuvent être trouvées dans différents types de forêts et ne sont pas limitées à la forêt caducifoliée ou sempervirente. Un bon exemple est le **prédateur** *Vanga curvirostris*, qui mange une grande variété d'**invertébrés** et de **vertébrés** et qui est présent dans tous les types de forêt **autochtone** à Madagascar. Cette espèce, ainsi que beaucoup d'autres, a clairement une **adaptation** à une grande variété de conditions de vie.

Ces groupes d'oiseaux ont des différentes habitudes alimentaires. Pour la plupart, les couas et les brachyptérolles se nourrissent d'**invertébrés** (**insectivores**), bien qu'ils soient connus pour consommer également des vertébrés (**carnivores**) et des fruits (**frugivores**). Les philépittes du genre *Philepitta* vivent pour la plupart dans les **sous-bois** et sont frugivores, tandis que les membres du genre *Neodrepanis* se trouvent entre les sections moyennes et supérieures de la forêt et consomment le nectar des fleurs (**nectivores**), ces deux derniers genres sont également à l'occasion insectivores. Il existe de nombreuses espèces parmi les tretrekes et les vangas, la plupart étant en grande partie insectivores, mais ces espèces ont des formes de becs et des façons de chercher leur nourriture considérablement différentes. Certains vangas, comme *Euryceros prevostii* avec son gros bec busqué, sont connus pour s'attaquer aux insectes de grande taille et autres **invertébrés** (Figure 7). Ces habitudes ont été modelées par l'**évolution** et cet aspect important associé aux sept groupes d'espèces endémiques d'oiseaux malgaches est discuté dans la « **radiation adaptative** » (voir p. 35).

Pendant la saison de reproduction en particulier, des groupes d'oiseaux composés de nombreuses espèces différentes, peuvent être vus se déplaçant et cherchant de la nourriture ensemble dans la forêt **épineuse**, **caducifoliée** et **sempervirente**. Quand ces animaux passent, l'agitation est considérable car ils débordent d'activité, certains oiseaux se nourrissent activement au sol, retournant les feuilles et la litière, d'autres collectent les insectes sur les feuilles et les branches, certains sondent les fissures des fougères, des orchidées et d'autres plantes qui poussent sur des arbres de moyennes et grandes tailles (**épiphytes**), et certaines espèces qui sondent l'écorce

Figure 6. Les cinq espèces différentes de brachyptérolles appartenant à la famille **endémique** des Brachypteraciidae comprennent (en commençant en haut à gauche et dans le sens des aiguilles d'une montre) : *Brachypteracias leptosomus*, *Atelornis pittoides*, *Uratelornis chimaera*, *A. crossleyi* et *Geobiastes squamiger* (au centre). (Dessin par Mike Skakuj.)

Figure 7. *Euryceros prevostii* est connu pour se nourrir de grands insectes et d'autres **invertébrés** avec son gros bec busqué. (Cliché par Nick Athanas.)

des arbres. A l'occasion, même les lémuriens diurnes se joignent à ces rassemblements, qui peuvent durer moins d'une minute devant un observateur immobile. Ces groupes **plurispécifiques** ou en anglais « mixed-species flocks » apportent clairement un avantage aux oiseaux qui y participent. Plusieurs **hypothèses** ont été avancées afin d'expliquer la raison pour laquelle les oiseaux forment ces groupes (37, 39, 86). La première est que l'efficacité dans la capture des **proies** est accrue, c'est-à-dire que les oiseaux faisant partie des troupes, par rapport aux oiseaux solitaires, ont un taux supérieur de capture. L'idée ici est que les mouvements de tous ces oiseaux remuent le terrain en délogeant les proies potentielles, notamment les invertébrés qui se cachaient, et en les rendant plus faciles à voir et donc à capturer. Une autre idée qui a été proposée pour expliquer cet effort collectif est que plus le nombre d'oiseaux augmente, plus ils ont la chance de détecter les **prédateurs** qui chassent les oiseaux (**rapaces**, **Carnivora**, serpents) et une fois détectés, de tirer la sonnette d'alarme. Les oiseaux évoluant dans ces groupes ont aussi moins de chance d'être mangés par les prédateurs contrairement aux individus solitaires.

Les groupes d'oiseaux endémiques de niveaux **taxonomiques** élevés jouent de nombreux rôles importants dans le maintien des **écosystèmes** et des différentes **fonctions écologiques**. Un bon exemple chez les philépittes peut illustrer ce cas. Les membres de la sous-famille des Philepittinae, en particulier le genre *Philepitta*, se nourrissent abondamment des fruits de petits arbres du **sous-bois**. Les graines contenues dans ces fruits passent par leur système digestif et sont ensuite rejetés dans leurs selles loin de l'arbre-mère, ils agissent ainsi comme des agents de **dispersion**, ce qui contribue à maintenir la structure des sous-bois. Un autre membre de la sous-famille des Philepittinae, le petit nectivore *Neodrepanis*, passe de fleur en fleur à la recherche de nectar, avec le pollen des différentes fleurs collé à son bec et aux plumes de sa tête. Par conséquent, il agit pour le transfert du pollen entre les différentes plantes en augmentant la fertilisation des fleurs et ainsi des fruits et des graines qu'elles produisent. Cela a un avantage considérable pour la vitalité de la forêt en aidant les plantes à se reproduire.

Les autres espèces prédatrices de ces groupes uniques d'oiseaux malgaches, comme certains membres des familles de Vangidae ou de Bernieridae, se nourrissent d'une variété de vertébrés et d'invertébrés, et aident à équilibrer les relations délicates entre prédateurs et proies de l'écosystème forestier (Figure 8). Grâce à cet équilibre, certains groupes d'animaux ne deviennent pas dominant, qui est un aspect du fonctionnement de l'écosystème forestier. Bien que ce concept puisse sembler abstrait, cet écosystème fournit de nombreux services pour les êtres humains, dont un approvisionnement continu en eau dans les zones agricoles et l'apport d'oxygène dans l'**atmosphère**, tous deux primordiaux pour la survie de l'homme. Pour être plus précis, quand un écosystème forestier ne fonctionne plus, par exemple à cause de la déforestation, la capacité du sol à retenir l'eau et à la libérer lentement est considérablement réduite. Ainsi, dans les plaines environnantes, où les gens cultivent des champs de riz, les rivières deviennent plus saisonnières avec des inondations après de fortes pluies et un débit d'eau faible pendant la saison sèche. En outre, la déforestation favorise aussi l'érosion du sol et la sédimentation dans les rivières et les rizières. De toute évidence, ce phénomène a un impact majeur sur la production des champs de riz et en conséquence sur la quantité de nourriture qu'ils fournissent, et sur la quantité et la qualité de l'eau.

Figure 8. Les différentes espèces d'oiseaux **endémiques** au **niveau supérieur** de Madagascar ont des modes d'alimentation très différents ; elles jouent nombreux rôles importants dans le maintien des **écosystèmes** et dans les différentes **fonctions écologiques**. Par exemple, *Neodrepanis coruscans* (à gauche) qui est probablement un jeune mâle sur cette image, utilise son bec incurvé pour boire le nectar des fleurs. Des pollens adhérant au bec et aux plumes de la tête permettent la dispersion des pollens qui favorisent à leur tour la fertilisation des fleurs. Cette dernière produira par la suite des fruits et graines. D'autres exemples sont illustrés par les membres de la famille des Vangidae, qui sont généralement des prédateurs d'**invertébrés** et **vertébrés**. Ils participent à l'équilibre des relations délicates entre les **prédateurs** et **proies** dans la **chaîne trophique** au sein d'un écosystème forestier. Ici est illustré *Calicalicus rufocarpalis* (à droite) se nourrissant d'invertébrés. (Clichés par Ken Behrens.)

L'HISTOIRE GEOLOGIQUE DE MADAGASCAR

L'une des principales raisons pour lesquelles le **biote** de Madagascar est si unique, par rapport à n'importe quelle autre île tropicale du monde, est son histoire géologique. Son niveau élevé d'**endémisme**, c'est-à-dire les organismes uniques à l'île et ne se trouvant nulle part ailleurs sur notre planète, est relatif à l'isolement de Madagascar à partir d'autres continents et ceci depuis le temps profond. Cette section est par conséquent fournie pour expliquer l'histoire géologique de Madagascar, par rapport à d'autres continents, à travers une période de **temps géologique** considérable.

Certaines formations de roche à Madagascar sont parmi les plus anciennes au monde, datant de plus de 3200 millions d'années, ce qui en fait l'une des plus anciennes masses continentales existantes. Cependant, l'île n'a pas toujours été isolée dans le Canal du Mozambique (34). Peut-être que le meilleur endroit pour commencer est avec le Supercontinent du **Gondwana**, qui comprenait l'Amérique du Sud, l'Afrique, Madagascar, l'Antarctique, l'Inde et l'Australie. Le Gondwana est resté un continent unique très stable jusqu'à environ 150 millions d'années, lorsque les mouvements de la terre (**tectoniques**) ont commencé (Figure 9).

Pour mettre cela en perspective, 150 millions d'années se situent dans la partie médiane du Mésozoïque, et plus précisément pendant la période Jurassique (Figure 10), qui a été l'ère des **dinosaures**. Un point essentiel est que cette période s'est déroulée bien avant que beaucoup de groupes modernes de plantes et d'animaux (**biote**) qui vivent à Madagascar aujourd'hui ou dans le reste du monde, n'évoluent. Par conséquent, ils ne pouvaient pas avoir « flotté » avec la séparation de Madagascar du reste du Gondwana, mais ils ont trouvé leur chemin vers l'île bien plus tard dans le temps géologique. Chez les oiseaux, capables de longs vols, il est plus facile d'imaginer comment la **colonisation** aurait pu avoir eu lieu, par rapport aux lémuriens, tenrecs et autres animaux malgaches non-volants qui auraient dû traverser de grandes distances dans l'eau en nageant ou en dérivant.

Lorsque l'île de Madagascar s'est détachée du Gondwana, l'Inde y était encore attachée et cette masse est souvent désignée comme l'Indo-Madagascar. Ce dernier a obtenu sa position approximative actuelle il y a environ 130 à 120 millions d'années, et il y a environ 80 millions d'années, l'Inde s'est séparée de Madagascar et a commencé à se déplacer vers le nord jusqu'à ce qu'elle entre en collision avec une masse qui est maintenant l'Asie moderne.

Comme cité dans la section suivante, la première preuve de l'existence d'un dinosaure ayant des aspects d'oiseaux est d'environ 150 millions d'années, à peu près lors de la période de l'éclatement du Gondwana. Les premiers **fossiles** connus d'une **lignée** existante des oiseaux modernes sont de la fin du Crétacé, soit il y a environ 70 millions d'années (31). Ce qui est

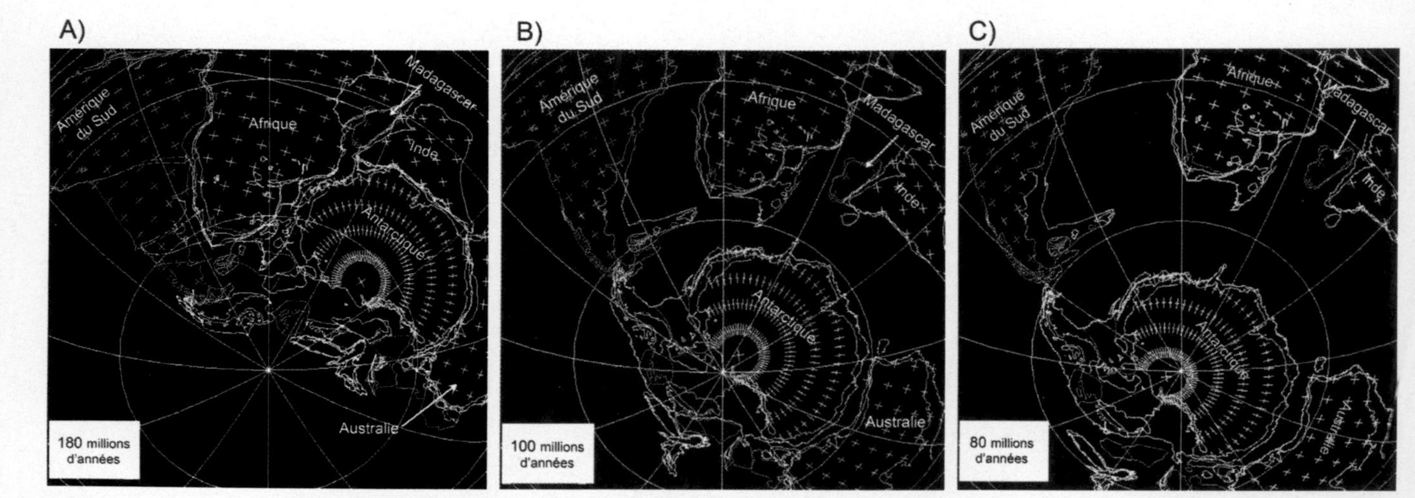

Figure 9. Au cours des derniers 150 millions d'années, la position de Madagascar par rapport aux autres continents a radicalement changé et il y a environ 80 millions d'années, il a été isolé dans l'océan Indien occidental. La séquence majeure d'événements inclue : **A)** l'existence du Supercontinent de **Gondwana** qui comprenait Amérique du Sud, Afrique, Madagascar, Antarctique, Inde et Australie ; **B)** la rupture ultérieure du Gondwana et la séparation des connexions terrestres entre ses anciennes unités, y compris Madagascar ; **C)** Madagascar était arrivé à sa position actuelle et la séparation de Madagascar de l'Inde. (D'après http://aast.my100megs.com/plate_tectonics/files/images.htm)

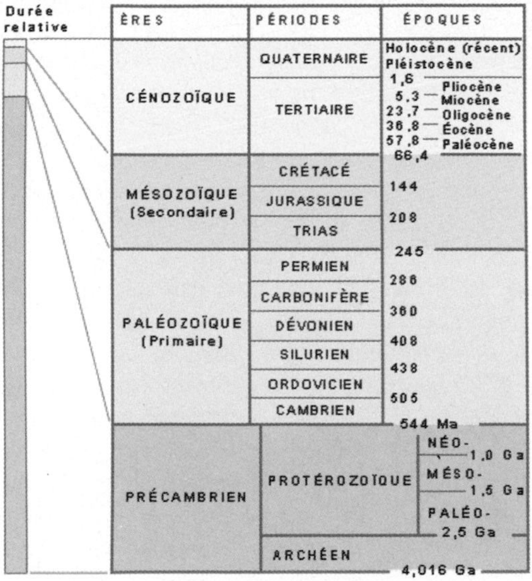

Durée relative

ÈRES	PÉRIODES	ÉPOQUES
CÉNOZOÏQUE	QUATERNAIRE	Holocène (récent) Pléistocène
		1,6
	TERTIAIRE	Pliocène
		5,3
		Miocène
		23,7
		Oligocène
		36,8
		Éocène
		57,8
		Paléocène
		66,4
MÉSOZOÏQUE (Secondaire)	CRÉTACÉ	
		144
	JURASSIQUE	
		208
	TRIAS	
		245
PALÉOZOÏQUE (Primaire)	PERMIEN	
		286
	CARBONIFÈRE	
		360
	DÉVONIEN	
		408
	SILURIEN	
		438
	ORDOVICIEN	
		505
	CAMBRIEN	
		544 Ma
PRÉCAMBRIEN	PROTÉROZOÏQUE	NÉO-
		1,0 Ga
		MÉSO-
		1,5 Ga
		PALÉO-
		2,5 Ga
	ARCHÉEN	
		4,016 Ga

Figure 10. Echelle du temps de différentes périodes géologiques associées avec l'histoire de la **colonisation** des oiseaux de Madagascar. (Téléchargé de www.ggl-ulaval.ca/personnel/bourque.)

crucial à propos de cette date est que Madagascar était déjà complètement isolée du Gondwana et de toute autre masse lorsque les oiseaux modernes sont apparus dans les archives fossiles. Le seul moyen pour les oiseaux d'atteindre avec succès Madagascar et de coloniser l'île était donc de voler aux dessus des vastes étendues d'eau qui séparaient à l'époque ce qu'on appelle maintenant l'Afrique et l'Asie. Il nous faut supposer que cet évènement était rare et qui n'a pu avoir lieu que dans des circonstances idéales (voir p. 78).

L'HISTOIRE DES PREMIERS FOSSILES D'OISEAUX EN TANT QUE DINOSAURES A PLUMES

Au cours des 20 dernières années, les gens qui étudient les **fossiles** (**paléontologistes**) ont montré que les oiseaux vivants de nos jours sont en fait une lignée restante de **dinosaures**, qui représentent les premiers groupes de reptiles. Ces études sont fortement basées sur des structures **anatomiques** des fossiles. Les plumes, qui sont des écailles de reptiles modifiées (134), sont connues chez les dinosaures, et ceci avant l'évolution des oiseaux tels que nous les connaissons aujourd'hui. Ainsi, ces premiers restes d'animaux fossilisés avec des structures en forme de plumes jouent un rôle important dans la compréhension de la façon dont ces structures ont évolué et dans la transition des dinosaures aux oiseaux.

Jusqu'à récemment, le fossile d'aile et de plumes le plus ancien et le plus célèbre est celui d'*Archaeopteryx*, découvert en Allemagne en 1861, d'un animal qui a vécu pendant l'ère du Mésozoïque et plus spécifiquement pendant la période de la fin du Jurassique, il y a environ 150 millions d'années (Figure 10). *Archaeopteryx* est plutôt considéré comme un animal de transition, avec des caractéristiques intermédiaires entre celles des reptiles et des oiseaux modernes. Comme on peut l'imaginer, étant donné la nature délicate des plumes et le processus de **fossilisation**, la préservation de ces structures nécessite des conditions spéciales et des sédiments très fins. L'étude des fossiles récemment découverts en Chine, datent d'environ du même âge que celui d'*Archaeopteryx*. Il faut également souligner la période de transition évolutive entre les dinosaures et les oiseaux, et les limites anatomiques entre ces deux groupes qui ne sont pas si bien définies (181). Le plus important est que les premiers animaux avec des plumes n'étaient pas des oiseaux, mais des dinosaures. Ces dinosaures n'étaient pas capables de voler et la raison initiale de l'évolution des plumes a probablement eu à voir avec l'isolement, plutôt que la **locomotion**. Pendant les périodes suivantes, des modifications des plumes ont eu lieu, comme leur allongement et leur **adaptation** pour planer, et par la suite, elles ont évolué vers des structures complexes permettant de voler et l'utilisation d'**ornementations** différentes.

LES ANCIENS FOSSILES D'OISEAUX DE MADAGASCAR

De nombreux chercheurs ont travaillé sur différents types de **fossiles** présents à Madagascar, en particulier dans les dépôts à proximité de Berivotra, à environ deux heures de route à l'Est de Mahajanga, et les formations d'Isalo dans le voisinage de Ranohira dans la zone du Centre-sud. Ces dépôts ont révélé de nombreuses créatures extraordinaires tels que les **dinosaures prédateurs** *Majungasaurus* (qui se traduit par « lézard de Mahajanga ») qui a vécu il y a 70 à 65,5 millions d'années, à la fin du Crétacé (156) (Figure 11), ainsi que plusieurs crocodiles bizarres dont un qui était végétarien (18). De plus, dans les dépôts situés près du village de Berivotra, qui ont été énormément prospectés par le Dr David Krause et ses collègues lors d'expéditions conjointes de l'Université d'Antananarivo et de « State University of New York at Stony Brook », plusieurs fossiles d'oiseaux datant de la fin du Crétacé y ont été trouvés, ils ont été étudiés par le Dr Cathy Forster et ses associés. Bien que les premiers

Figure 11. *Majungasaurus* était un grand **dinosaure prédateur** qui vivait dans la région du bassin de Mahajanga il y a quelque 70 millions d'années. (Après http://upload.wikimedia.org/wikipedia/commons/c/c3/Majungasaurus_head_BW.jpg)

fossiles d'oiseaux connus ne soient pas exhaustifs, étant donné que les os légers et creux des oiseaux sont fragiles et survivent rarement sous forme fossiles, ces trouvailles récentes extraordinaires à Madagascar ont donné un aperçu de l'évolution des premiers oiseaux.

Un de ces premiers fossiles d'oiseau malgache a été appelé *Vorona berivotrensis* (qui signifie « oiseau » de « Berivotra ») (44). Cet animal est supposé avoir vécu de 84 à 70 millions d'années et bien que les restes fossiles soient fragmentaires, ils montrent un mélange de caractéristiques d'oiseaux primitifs et modernes. Une autre de ces créatures anciennes venant des dépôts de Berivotra qui parait faire le lien entre les dinosaures et les oiseaux, est *Rahonavis ostromi* (45, 46). L'origine du nom de cet oiseau vient des significations malgaches *rahona* « nuageux » ou « obscure » et latine *avis* ou « oiseau », se référant à ses affinités ancestrales incertaines (**phylogénétiques**). Le nom de l'espèce est en l'honneur du feu Dr John Ostrom, qui a beaucoup travaillé sur les oiseaux anciens. Basé sur de restes de fossiles existants de *R. ostromi*, il a probablement été capable de voler, mais il aurait été plus maladroit dans les airs que la plupart des oiseaux modernes. Un autre aspect extraordinaire des restes de *R. ostromi* est que des traces de protéines de structure (**kératine**) ont été retrouvées dans les fossiles et il pourrait être possible un jour de reconstituer la couleur de ses plumes (161).

Même si un certain nombre de gisements fossiles ont été trouvés à Madagascar contenant des os d'oiseaux anciens, il existe un hiatus de près de 80 millions d'années dans les données fossiles entre les périodes du Crétacé récent et du Pléistocène récent (Figure 10), une lacune d'autant plus déplorable qu'il s'agit d'une époque fondamentale dans l'évolution des groupes d'oiseaux modernes. Dans la section suivante, nous nous tournons vers des oiseaux récemment disparus qui ont vécu à Madagascar.

SUBFOSSILES D'OISEAUX DE MADAGASCAR

Madagascar possède des gisements de **subfossiles** d'oiseaux relativement riches du Pléistocène récent et de l'Holocène (Figure 10), particulièrement dans les parties les plus sèches de l'île, où la préservation est la meilleure (Figure 12). Toutefois, ces restes ne sont pas remplacés par de la pierre (**fossilisés**), comme pour les animaux décrits dans la section ci-dessus, mais il ne reste que les os, sans aucune sorte de **minéralisation**. Le plus vieux oiseau subfossile de Madagascar n'a probablement pas plus de 20 000 ans et est donc géologiquement très récent, littéralement vieux de quelques secondes par rapport à l'échelle des **temps géologiques** de l'éclatement du **Gondwana** par exemple, ou de l'apparition des premiers vrais oiseaux dans les archives fossiles. Bien que les **spécimens** disponibles ne permettent pas vraiment une reconstruction claire du moment où les groupes d'oiseaux modernes ont d'abord colonisé l'île, il offre des aperçus intéressants sur les **extinctions** géologiquement récentes, le rôle des changements climatiques naturels et les **communautés** aviaires modernes de l'île (58, 66).

Plus de 70 espèces d'oiseaux ont été identifiées à partir de ces restes subfossiles (Tableau 3). Pratiquement tous les spécimens sont probablement de l'Holocène mais d'après les datations au radiocarbone, certains vivaient à la fin du Pléistocène (22, 61). Plutôt que de passer par de nombreux détails sur l'ensemble des groupes récupérés dans les sites archéologiques et paléontologiques, nous présentons un bref résumé des seuls groupes et espèces d'oiseaux disparus (Tableau 3).

Aepyornithidae – En 1851, la communauté scientifique fut choquée par la communication de Geoffroy Saint Hilaire (51) annonçant à l'Académie des Sciences de Paris la découverte d'un oiseau géant éteint, appelé *Aepyornis maximus*. Cette découverte fut basée sur Mr Abadie, capitaine de la marine marchande, qui s'est procuré trois œufs géants le long de la côte Sud-ouest de Madagascar. Il a été estimé que *A. maximus* devait atteindre une hauteur de 3-4 m et un poids avoisinant les 400 kg (Figure 13). Ses œufs ont une dimension

Figure 12. Fouilles de **subfossiles** dans le site d'Ampoza par Errol I. White en 1930. Avec l'aide des populations locales, l'équipe de terrain a découvert de grandes quantités d'os en creusant profondément dans le sol dans un ancien lit de rivière. Ici des animaux morts qui venaient boire ou des carcasses et des os pris par la rivière qui ont ensuite été enfouis dans les sédiments. Au premier plan, on peut voir un certain nombre d'os excavés. Il s'agit du site où de nombreux importants subfossiles d'oiseaux ont été retrouvés (Tableau 3), y compris *Vanellus madagascariensis* et *Brachypteracias langrandi*. (Cliché provenant des archives de l'American Museum of Natural History.)

de l'ordre de 32 cm × 24 cm pour un volume correspondant à 150-170 œufs de poule (1, 24) !

Depuis la découverte présentée par Geoffroy Saint Hilaire, de nombreux noms spécifiques ont été proposés pour les restes d'œufs et de squelettes des *Aepyornis*, y compris un second genre, *Mullerornis*. Les *Aepyornis* étaient largement distribués sur toute la longueur de l'île depuis l'extrême nord jusqu'à l'extrême sud (11, 123). La majorité des restes de squelettes proviennent de sites de l'Ouest et du Sud-ouest ainsi que des Hautes Terres centrales, des restes ont également été retrouvés dans la grotte d'Andrahomana près de Ranopiso dans le Sud-est.

Etienne de Flacourt (1607–1660), nommé commandant de Madagascar par le roi de France en 1648, était basé près de Fort Dauphin (= Tolagnaro) et a écrit des chroniques importantes sur la culture et l'environnement de cette région. Dans son ouvrage *Histoire de la Grande Isle Madagascar*, publié en 1658 (43), il fait référence, en employant le présent, à un « *vouron-patra* » en tant qu'espèce forestière et qui était très certainement un *Aepyornis*. Chez les Antandroy des régions d'Ambovombe et de Marovato ainsi que chez des populations d'autres

Tableau 3. Espèces d'oiseaux trouvés dans les sites **subfossiles** de Madagascar. Les espèces précédées par † sont actuellement éteintes, celles avec les signes †? représentent des formes **endémiques** et éteintes ou des formes actuelles distribuées ailleurs dans le monde et celles précédées par + sont **introduites** sur l'île, et dans quelques cas, il n'est pas clair si une espèce donnée n'apparaissant plus sur l'île est probablement éteinte (données extraites de 4, 21, 23, 55, 57, 58, 59, 65, 66, 68, 97, 106, 111, 121, 180). Pour les explications sur la **taxonomie** des espèces d'oiseaux malgaches modernes listées ici, voir Tableau 4.

Systématique	Habitat	Ampasambazimba et Antsirabe	Ampoza	Anjohibe	Sud
†Ordre Aepyornithiformes					
†Famille Aepyornithidae					
†*Aepyornis* sp.	Terrestre	X	X		X
†*Mullerornis* sp.	Terrestre	X	X	X	X
Ordre Procellariformes					
Famille Procellariidae					
Puffinus sp.	Aquatique				X
Ordre Pelicaniformes					
Famille Phalacrocoracidae					
Phalacrocorax africanus	Aquatique	X			X
†?*Phalacrocorax* sp.	Aquatique	X			X
Ordre Ciconiiformes					
Famille Ardeidae					
Ardea cinerea	Aquatique		X		
Ardea humbloti	Aquatique		X		X
Ardea purpurea	Aquatique		X		X
Bubulcus ibis	Terrestre			X	
Egretta spp.	Aquatique				X
Famille Ciconiidae					
Anastomus lamelligerus	Aquatique		X		X
Mycteria ibis	Aquatique				X
Famille Threskiornithidae					
Lophotibis cristata	Terrestre		X	X	
Platalea alba	Aquatique		X		X
Threskiornis bernieri	Aquatique		X		X
Famille Phoenicopteridae					
Phoenicopterus ruber	Aquatique		X		X
Phoeniconaias minor	Aquatique			X	X
Ordre Anseriformes					
Famille Anatidae					
†*Alopochen sirabensis*	Aquatique	X	X		X
Anas bernieri	Aquatique	X	X		X

Systématique	Habitat	Ampasambazimba et Antsirabe	Ampoza	Anjohibe	Sud
Anas erythrorhyncha	Aquatique	X	X		X
Anas melleri	Aquatique	X			?
†*Centrornis majori*	Aquatique	X			X
Dendrocygna sp.	Aquatique		X		X
Sarkidiornis melanotos	Aquatique	X			
Thalassornis leuconotus	Aquatique				X
Ordre Falconiformes					
Famille Accipitridae					
Accipiter francesii	Terrestre				X
†?*Aquila* sp. a	Terrestre	X			X
†?*Aquila* sp. b	Terrestre	X			
Buteo brachypterus	Terrestre	X		X	X
Haliaeetus vociferoides	Terrestre				X
Milvus aegyptius	Terrestre			X	X
Polyboroides radiatus	Terrestre				X
†*Stephanoaetus mahery*	Terrestre	X			X
Famille Falconidae					
Falco newtoni	Terrestre			X	
Ordre Galliformes					
Famille Phasianidae					
Coturnix sp.	Terrestre			X	
+*Gallus gallus*	Terrestre				X
Margaroperdix madagarensis	Terrestre	X			
Famille Numididae					
+*Numida meleagris*	Terrestre	X		X	X
Ordre Gruiformes					
Famille Mesitornithidae					
†*Monias* sp.	Terrestre			X	
Famille Turnicidae					
Turnix nigricollis	Terrestre			X	
Famille Rallidae					
Dryolimnas cuvieri	Aquatique				X
Fulica cristata	Aquatique		X		X
Gallinula chloropus	Aquatique	X			X
†*Hovacrex roberti*	Aquatique	X			X
Rallus madagascariensis	Aquatique				X
Porphyrio porphyrio	Aquatique	X	X		X

Systématique	Habitat	Ampasambazimba et Antsirabe	Ampoza	Anjohibe	Sud
Ordre Chardriiformes					
Famille Recurvirostridae					
Himantopus himantopus	Aquatique				X
Famille Charadriidae					
†*Vanellus madagascariensis*	Aquatique, terrestre		X		X
Famille Scolopacidae					
Numenius phaeopus	Aquatique				X
Famille Laridae					
Larus sp.	Aquatique		X		
Larus cirrocephalus	Aquatique				X
Larus dominicanus	Aquatique				X
Ordre Columbiformes					
Famille Pteroclididae					
Pterocles personatus	Terrestre		X		X
Famille Columbidae					
Streptopelia picturata	Terrestre			X	X
Ordre Psittaciformes					
Famille Psittacidae					
Coracopsis vasa	Terrestre	X		X	X
Agapornis cana	Terrestre			X	
Ordre Cuculiformes					
Famille Cuculidae					
Centropus toulou	Terrestre			X	
†*Coua berthae*	Terrestre	X		X	
Cous cristata	Terrestre				X
Coua cursor	Terrestre				X
Coua gigas	Terrestre			X	
†*Coua primavea*	Terrestre			X	X
Coua spp.	Terrestre			X	
Cuculus rochii	Terrestre			X	
Ordre Strigiformes					
Famille Tytonidae					
Tyto alba	Terrestre			X	X
Famille Strigidae					
Asio madagascariensis	Terrestre			X	
Otus rutilus	Terrestre				X
Otus sp.	Terrestre			X	
Ninox superciliaris	Terrestre			X	

Systématique	Habitat	Ampasambazimba et Antsirabe	Ampoza	Anjohibe	Sud
Ordre Apodiformes					
Famille Apodidae					
Apus barbatus	Terrestre			X	
Apus sp.	Terrestre				X
Ordre Coraciiformes					
Famille Alcedinidae					
Alcedo vintsioides	Aquatique			X	
Famille Meropidae					
Merops superciliosus	Terrestre			X	
Famille Coraciidae					
Eurystomus glaucurus	Terrestre				X
Famille Brachypteraciidae					
†*Brachypteracias langrandi*	Terrestre	X			
Famille Leptosomidae					
Leptosomus discolor	Terrestre			X	
Famille Upupidae					
Upupa marginata	Terrestre				X
Ordre Passeriformes					
Famille Alaudidae					
Mirafra hova	Terrestre			X	
Famille Hirundindae					
Phedina borbonica	Terrestre			X	
Famille Pycnonotidae					
Hypsipetes madagascariensis	Terrestre		X		
Famille Bernieridae					
Thamnornis chloropetoides	Terrestre				X
Famille Sylviidae					
Nesillas cf. *lantzii*	Terrestre				X
Famille Vangidae					
Artamella viridis	Terrestre				X
Cyanolanius madagascarinus	Terrestre				X
Newtonia brunneicauda	Terrestre			X	
Vanga curvirostris	Terrestre				X

Systématique	Habitat	Ampasambazimba et Antsirabe	Ampoza	Anjohibe	Sud
Famille Monarchidae					
cf. *Terpsiphone mutata*	Terrestre				X
Famille Zosteropidae					
Zosterops maderaspatana	Terrestre				X
Famille Corvidae					
Corvus albus	Terrestre				X
Famille Ploceidae					
Foudia madagascariensis	Terrestre			X	
Ploceus sakalava	Terrestre				X

Figure 13. Les trois squelettes d'oiseaux montés comprennent une autruche au premier plan, *Aepyornis maximus* au milieu et *Mullerornis* à l'arrière. Les deux dernières espèces, qui font partie d'une radiation malgache des oiseaux non-volants (**ratites**), ont disparu il y a environ quelques centaines d'années. Dans la partie inférieure de la photo, des œufs d'autruche et d'*A. maximus* peuvent être vus sur le premier plan. Cette photo a été prise dans la salle d'exposition de l'Académie Malgache probablement dans les années 1900. (Cliché l'après Foiben Taosarintanin'i Madagasikara.)

régions de l'île, il existe toujours de nombreuses histoires orales portant sur des oiseaux géants qui sont sans aucun doute des Aepyornithidae (103, 173). Il a été proposé que les œufs d'Aepyornithidae retrouvés lors de fouilles archéologiques correspondent à des restes de repas humains et à des récipients venus d'ailleurs. Il a également été rapporté qu'un os d'Aepyornithidae a été façonné comme un outil à main. A partir des datations au **radiocarbone** des restes et des coquilles d'œufs des Aepyornithidae, la date la plus récente que nous connaissions nous permet de dire que ces oiseaux vivaient encore à Madagascar il y a environ 1000 ans (13). Enfin, sur la base de densités remarquables de fragments de coquilles d'*Aepyornis* trouvés près du Cap Sainte Marie, *A. maximus* probablement niché dans une sorte de colonie, avec de nombreux oiseaux nicheurs entassés dans un espace relativement restreint (Figure 14).

Phalacrocoracidae – Les os d'un grand cormoran du genre *Phalacrocorax* ont été retrouvés dans les sites subfossiles de Lamboharana et d'Antsirabe et correspondent à un cormoran nettement plus grand que la seule espèce actuellement rencontrée sur l'île (*P. africanus*). Ces os proviennent d'une espèce **endémique** qui n'est pas encore décrite mais qui est éteinte (58, 66).

Anseriformes – Deux formes d'oiseaux d'eau éteints sont connues des dépôts

Figure 14. Basé sur des restes de coquilles d'œuf d'*Aepyornis maximus* trouvés à Cap Sainte Marie, la pointe Sud de Madagascar, il était probablement au moins une espèce nicheuse semi-coloniale, avec de nombreux oiseaux dans une zone relativement restreinte. (Dessin par Velizar Simeonovski.)

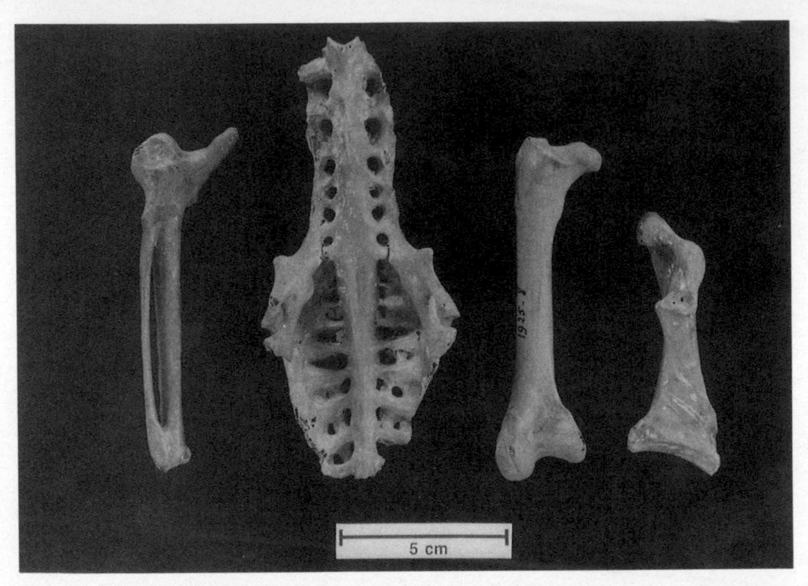

Figure 15. L'oiseau d'eau éteint *Centrornis majori* avait une haute stature, avec des pattes particulièrement longues et de longues ailes ornées munies d'un éperon métacarpien bien développé (os illustré ici à l'extrême gauche), qui pourrait avoir été utilisé pour la défense ou pour les combats entre mâles pour attirer les femelles et obtenir des partenaires sexuels. D'autres éléments osseux illustrés ici (à droite) comprennent la partie centrale du bassin, le fémur et le coracoïde. (Spécimens de la collection du Muséum national d'Histoire naturelle, Paris.)

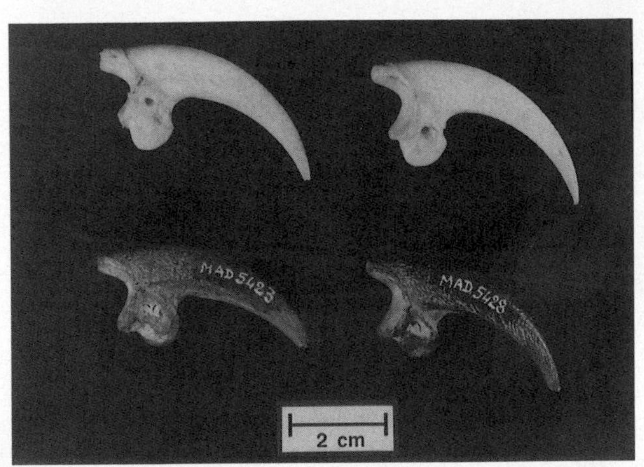

Figure 16. Un très grand aigle éteint, *Stephanoaetus mahery*, a récemment été nommé à Madagascar basé sur des **subfossiles** récupérés dans le site d'Ampasambazimba, sur les Hautes Terres centrales. Cette espèce avait des serres énormes et aurait été un **prédateur** redoutable d'une grande variété d'animaux. Les griffes de la partie supérieure de la photo proviennent d'espèces vivant en Afrique, *S. coronatus*, et celles de la partie inférieure appartenaient à *S. mahery*. (Subfossiles de la collection du Muséum national d'Histoire naturelle, Paris.)

subfossiles. Il s'agit d'une grande espèce, *Centrornis majori*, et d'une autre de moyenne taille, *Alopochen sirabensis* (108). La première de ces espèces a été décrite à partir des subfossiles, c'était un échassier avec de très longues pattes, de longues ailes et un éperon métacarpien bien développé (Figure 15). L'un des oiseaux les plus communs que l'on découvre dans les dépôts subfossiles de Madagascar (58, 66, 78), et en particulier sur les Hautes Terres centrales, est *A. sirabensis* qui est connu d'une grande variété de sites.

Accipitridae – Trois espèces de **rapaces subfossiles** connues à Madagascar ont disparu au cours des **temps géologiques** récents. Il s'agit de deux formes distinctes d'*Aquila* et d'un grand aigle *Stephanoaetus mahery* (55, 65, 66). Cette dernière espèce a de très grandes serres (Figure 16) et aurait été un **prédateur** redoutable, y compris certainement une variété d'espèces de grands lémuriens maintenant éteints (Figure 17). Dans la mesure où le genre *Aquila* est représenté par de nombreuses espèces, il n'est pas encore très clair

Figure 17. Reconstruction de l'énorme **rapace** malgache éteint *Stephanoaetus mahery* attaquant un lémurien **subfossile** également éteint, *Paleopropithecus*. Dans les sites subfossiles, les restes d'os de différents lémuriens disparus ont été récupérés avec une marque ronde distinctement percée dans l'omoplate de la même taille que les serres de cet aigle disparu. L'espèce existant en Afrique, *S. coronatus*, est connue pour chasser en plantant ses griffes dans le dos de ses **proies** et ensuite les emporter pour être consommées. Tous ces points ont été considérés pour créer cette reconstruction. (Dessin par Velizar Simeonovski.)

si les restes subfossiles trouvés à Madagascar appartenaient à des formes **endémiques** éteintes ou à des formes actuelles distribuées ailleurs dans le monde. Ces trois espèces de rapaces avaient des distributions plutôt étendues à Madagascar (Tableau 3).

Divers auteurs ont imaginé que l'*Aepyornis* avait inspiré la légende de l'oiseau *roc* ou *rokh* des récits des *Mille et une Nuits* et qu'il y a été fait référence par Marco Polo. Dans les manuscrits de Marco Polo, le Roc n'est pas représenté en tant que gros oiseau sans ailes mais davantage comme un puissant oiseau de proie capable de transporter un éléphant dans ses énormes serres. Si l'inspiration du Roc n'est pas pure fantaisie mais basée sur des observations des marchands arabes qui venaient à Madagascar, *S. mahery* aurait alors pu jouer un rôle dans l'origine de cette légende.

Mesitornithidae – Des fouilles récentes dans la grotte d'Anjohibe ont permis de trouver des **subfossiles** se référant à la famille **endémique** de Madagascar, les Mesitornithidae, et apparemment à une espèce du genre *Monias* non décrite (21).

Rallidae – En 1897, *Tribonyx roberti* était décrit à partir de certains **subfossiles** déterrés près d'Antsirabe (4) et ultérieurement, cette espèce a été transférée dans le genre endémique et monotypique de *Hovacrex* (17). Elle était une espèce de râle de grande taille, connue dans plusieurs sites des Hautes Terres centrales et de la partie Sud de l'île.

Charadriidae – Quelques os d'un vanneau ont été identifiés des dépôts de Lamboharana et d'Ampoza et utilisés dans la description de *Vanellus madagascariensis* (57). La sous-famille des vanneaux, Vanellinae, n'est plus représentée dans l'**avifaune** actuelle de Madagascar, mais elle est très répandue dans différentes parties de l'Afrique, souvent dans des environnements fortement modifiés.

Cuculidae – Des restes de deux grand couas éteints, *Coua primavea* et *C. berthae* ont été récupérés dans

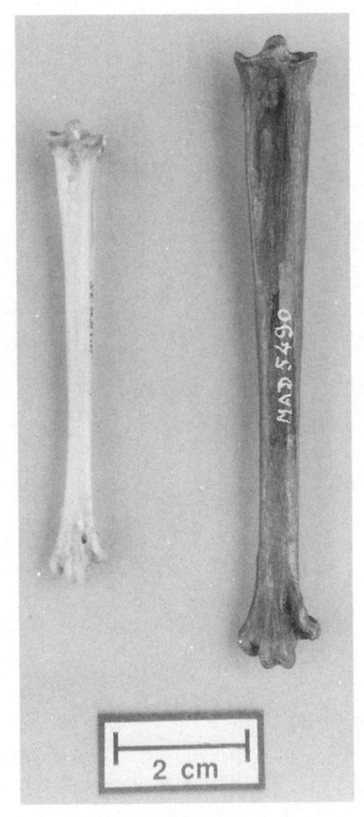

Figure 18. Sur la gauche, on peut voir l'os de la jambe (tarso-métatarse) du coua géant éteint, *Coua berthae*, excavé du site **subfossile** d'Ampasambazimba. Cette espèce était bien plus grande que le plus grand coua actuel, *C. gigas*, ce qui est illustré sur la gauche. (Subfossile de la collection du Muséum national d'Histoire naturelle, Paris.)

les sites **subfossiles** de l'Ouest et du Sud-ouest de Madagascar (68, 117). La première espèce a été décrite sur la base d'un tarso-métatarse trouvé près de Belo sur Mer et ultérieurement extraite dans les dépôts de Tsiandroina, de Manombo (Toliara) et d'Anjohibe (21, 66). La seconde espèce subfossile est connue à Ampasambazimba et à Anjohibe. Ces deux espèces sont plus grandes que leurs congénères actuels (Figure 18).

Brachypteraciidae – Un spécimen **subfossile** de cette famille **endémique** de Madagascar a été déterré à Ampoza et décrit en tant qu'espèce éteinte *Brachypteracias langrandi* (59).

QU'EST CE QUE LA RADIATION ADAPTATIVE ?

Comme expliqué dans une section précédente, les oiseaux tels que nous les connaissons aujourd'hui ont évolué notamment après l'éclatement du **Gondwana**. Ainsi, selon cette échelle de temps, la seule explication raisonnable de leur présence à Madagascar est depuis la séparation de l'île des autres masses **terrestres**, ils ont été capables de voler à travers le canal du Mozambique et l'océan Indien et de **coloniser** Madagascar avec succès. Mais une **colonisation** réussie ne consiste pas simplement pour un individu ou pour quelques oiseaux d'une espèce d'arriver fatigués sur les rives de Madagascar où ils pourraient succomber à ce long voyage, mais plutôt de trouver régulièrement de la nourriture, de s'adapter aux conditions **écologiques** et climatologiques locales, et surtout d'être capables de s'accoupler avec succès, de protéger les œufs et d'élever les petits. On peut imaginer que tout au long des **temps géologiques**, un grand nombre de vertébrés sont arrivés sur les côtes de l'île, mais qu'ils n'ont pas été en mesure d'atteindre les étapes critiques qui mènent à une colonisation réussie.

Une fois qu'un organisme a été capable de coloniser avec succès une masse continentale et d'élargir leur distribution au cours des siècles et des millénaires, il entre en contact avec différentes conditions écologiques, types d'aliments et d'autres espèces qui pourraient se nourrir de ressources similaires (**compétition**). Les individus ayant certaines caractéristiques morphologiques ou comportementales qui leur permettent d'exploiter différentes ressources, telles que des becs plus longs, des tarses plus courts, une période d'activité différente, etc., ont plus de chance de succès et de laisser un plus grand nombre de sa progéniture au cours des prochaines générations (**sélection naturelle**).

Maintenant, sur une île comme Madagascar avec ses nombreux types de forêts et de régimes climatiques, de nombreux changements peuvent avoir lieu étant donné qu'une espèce donnée remplit différentes **niches écologiques**. Ces aspects sont encore amplifiés par les effets de la sélection naturelle et les caractères modifiés transmis et hérités de générations en générations (**génétique**). La terre est une masse très dynamique sur de longues périodes de temps géologiques, avec la formation ou l'érosion des montagnes, le changement climatique, la formation des rivières et leur changement de direction, et d'autres modifications de sa surface. Ces facteurs ont un impact très spectaculaire sur la sélection naturelle. Ainsi, au fil du temps, une espèce peut se diversifier en d'autres **taxons**, chacun adapté de différentes manières à son environnement. Ceci est connu comme la **radiation adaptative** et a été examinée par les biologistes de l'évolution depuis Charles Darwin (1809-1882), qui peut être considéré comme le père du concept.

Au cours des dernières décennies, la **génétique moléculaire** nous a apporté de nouveaux aperçus dans l'histoire de l'**évolution** et de la **spéciation**. Cette technique qui concerne les aspects de la variation de l'**ADN** offre un outil extraordinaire permettant aux biologistes de l'évolution de séparer les animaux qui partagent un **ancêtre** commun (**monophylétiques**), comme le cas d'une radiation adaptative, et ne représentent qu'une seule **lignée**, par rapport à ceux qui proviennent d'autres d'ancêtres (**paraphylétiques**) ; et en cas de similarité, par exemple dans la **morphologie**, il s'agit d'une évolution **convergente**. Sur la base de telles études sur des oiseaux endémiques au **niveau supérieur** malgaches, qui sont examinés en détail dans la section suivante, il a été possible de discerner si les oiseaux avec des habitudes et des styles de vie différents, mais des formes de becs assez semblables, par exemple, sont issus d'un ancêtre commun. Beaucoup plus intéressant encore, les nombreux cas d'oiseaux qui sont physiquement très différents les uns des autres, mais basé sur la recherche génétique, ils s'avèrent être étroitement liés.

Ainsi, la radiation adaptative est définie comme étant une **diversification** rapide des espèces à partir d'un **ancêtre** commun qui est accompagnée d'une **divergence phénotypique** et d'une spécialisation pour exploiter les nouvelles ressources disponibles (160). Madagascar est bien connue pour la radiation adaptative exceptionnelle de plusieurs groupes de sa biodiversité. Pour les oiseaux, il y a au moins sept groupes **endémiques** monophylétiques qui avaient pu se diversifier depuis qu'ils avaient atteint Madagascar. Ces groupes incluent les Mesitornithidae, Couinae, Brachypteraciidae, Leptosomidae, Philepittinae, Bernieridae et Vangidae (29, 92, 183). Les changements évolutifs peuvent affecter la morphologie, l'écologie ainsi que le comportement vis-à-vis de la niche écologique. De tels changements pourraient avoir lieu rapidement selon l'intensité de la sélection, mais les groupes **non-passereaux** les plus endémiques malgaches montrent apparemment une longue histoire d'évolution sur l'île, sauf certains passereaux qui peuvent probablement être des colonisateurs récents.

Pour illustrer la radiation adaptative, l'un des plus beaux exemples parmi les oiseaux du monde entier sont les Vangidae de Madagascar (Figure 19). Un certain nombre d'**ornithologues** ont écrit sur ces animaux et pour mieux présenter les différences fonctionnelles des formes de becs des

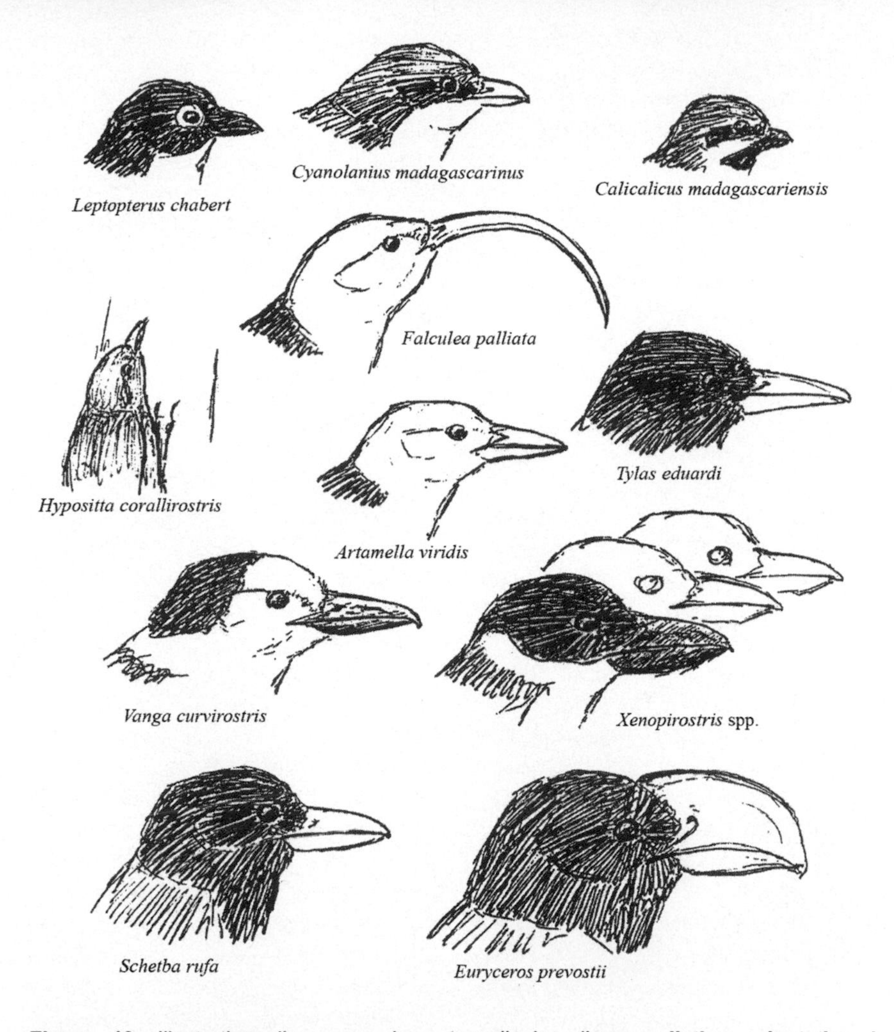

Figure 19. Illustration d'un exemple extraordinaire d'une **radiation adaptative** à Madagascar, représenté ici par les vangas (famille des Vangidae), qui a été montrée par des études **génétiques moléculaires** d'être **monophylétique**. Notez les tailles de corps et les formes de becs qui permettent aux différentes espèces d'exploiter les diverses ressources alimentaires. Il s'agit notamment d'une adaptation parallèle aux différents types d'outils, tels que la pince universelle (*Calicalicus* spp., *Cyanolanius madagascarinus, Leptopterus chabert* et *Schetba rufa*), la pince brucelle (*Falculea palliata*), les forceps (*Hypositta corallirostris* et *Tylas eduardi*), la pince à long bec (*Artamella viridis* et *Vanga curvirostris*), la pince coulissante (*Xenopirostris* spp.) et la pince multiprise (*Euryceros prevostii*). (Dessin par John W. Fitzpatrick.)

vangas, ils ont fait des comparaisons avec outils divers utilisés par l'homme (182). Souvent associées aux groupes **plurispécifiques** cités ci-dessus qu'un observateur patient peut rencontrer dans la forêt, plusieurs espèces de vangas peuvent être trouvées en train de se nourrir de manières différentes et en utilisant leurs becs comme des outils. Cela contribue à permettre à chaque espèce d'exploiter des ressources alimentaires variées et à réduire la concurrence. Il existe d'autres exemples parmi les familles et sous-familles endémiques des oiseaux de Madagascar, comme les tretrekes (famille des Bernieridae), qui possèdent une extraordinaire variété de formes de becs dont les aspects sont discutés plus en détail dans la deuxième partie de ce livre (voir p. 57).

L'avifaune de Madagascar

L'**avifaune** moderne de Madagascar comporte un total de 282 espèces (Tableau 4), dont deux sont récemment éteintes. Sur les 280 espèces vivantes, 208 sont localement nicheuses (74%) et les 72 ne se reproduisent pas sur l'île (26%), telles qu'une grande partie des espèces **migratrices**. Parmi ces dernières, quatre nichent sur l'île (*Ardeola idae*, *Glareola ocularis*, *Cuculus rochii* et *Eurystomus glaucurus*). Ensuite, au moins quatre espèces présentes dans la nature ont été **introduites** à Madagascar par les êtres humains (*Columba livia*, *Acridotheres tristis*, *Passer domesticus* et *Estrilda astrild*) et une autre (*Numida meleagris*) a peut-être été introduite. *Acridotheres tristis* se trouve actuellement partout à Madagascar et avec l'accroissement rapide de sa **population**, elle constituera une catastrophe écologique non négligeable si des mesures appropriées ne sont pas prises.

Ce qui est extraordinaire à propos de l'avifaune de l'île est son niveau d'**endémisme**, tant au niveau taxonomique supérieur qu'au niveau des espèces. Parmi la première catégorie, sept groupes différents peuvent être cités en tant qu'endémiques au-dessus du niveau du genre : la famille des Mesitornithidae ou les mésites, la sous-famille des Couinae ou les couas, la famille des Brachypteraciidae ou les brachyptérolles, la famille des Leptosomidae ou la courol, la sous-famille des Philepittinae ou les philépittes, la famille des Bernieridae ou les tretrekes et la famille des Vangidae ou les vangas. L'île possède également de nombreuses espèces d'oiseaux endémiques au niveau de genres vivant également en Afrique et en Eurasie mais ceux-ci ne sont pas le principal intérêt de ce livre. La deuxième caractéristique étonnante de la **communauté** aviaire malgache est sa pauvreté en espèces par rapport à d'autres pays tropicaux malgré l'**hétérogénéité** remarquable des **habitats** à Madagascar.

Parmi les 282 espèces d'oiseaux (208 **non-passereaux** et 75 **passereaux**) connus sur l'île, 104 sont endémiques (37%). Cinquante-deux espèces de passereaux sont endémiques (69%) et 52 de non-passereaux (25%). Cela semble indiquer un degré d'endémisme plus élevé parmi les passereaux, qui sont pour la plupart d'origine africaine, arrivés sur l'île en volant au-dessus du canal du Mozambique et en restant isolés des populations du continent, et tout ceci conduit à la **spéciation** des espèces endémiques. Madagascar a un des niveaux les plus élevés d'endémisme du monde, ce qui est une raison supplémentaire pour les Malgaches d'être fiers de leur **patrimoine naturel** unique et de se dévouer pour sa protection.

Le nombre d'espèces d'oiseaux connus vivant à Madagascar augmente au cours du temps. Ceci est associé à la découverte des espèces migratrices ou à celles qui se perdent en cours de route et qui se promènent sur l'île, et aux **taxons** endémiques qui étaient auparavant non reconnus des scientifiques dus, entre autres, à l'insuffisance des explorations sur le terrain et à l'expansion des études **génétiques moléculaires**. Un exemple récent de l'ajout d'une espèce migratrice à la liste des oiseaux malgaches est *Larus hemprichii*, qui a été observé et photographié au Sud de Toliara (155). Cette espèce niche dans la région de la Mer Rouge mais elle est connue pour errer occasionnellement dans l'océan Indien.

Au cours des dernières décennies, un certain nombre d'espèces endémiques nouvelles pour la science ont été décrites par les ornithologues, y compris celles appartenant aux sept groupes mentionnés ci-dessus, notamment la description d'un nouveau genre et espèce, *Cryptosylvicola randrianasoloi* (famille des Bernieridae, Figure 20), et de plusieurs espèces de genres anciennement connus, comprenant *Xanthomixis apperti* (famille des Bernieridae, Figure 20) et *Calicalicus rufocarpalis* (famille des Vangidae, Figure 4g) (32, 70, 72). De plus, au cours de ces dernières années, de nouvelles espèces ont été décrites en tant que genres endémiques, comme *Mentocrex beankaensis* (famille des Rallidae, Figure 21) (76). Il est certain que dans les prochaines années, d'autres espèces migratrices seront enregistrées pour la première fois sur l'île et de nouvelles espèces seront découvertes, que ce soit basé sur des études de terrain ou sur de nouveaux résultats d'études de génétique moléculaire. Ainsi, contrairement à ce que l'on pouvait s'y attendre, la découverte de nouveaux oiseaux à Madagascar n'est pas terminée.

Figure 20. Parmi les oiseaux **endémiques** au **niveau supérieur** de Madagascar, plusieurs espèces nouvelles pour la science ont été récemment nommées. Il s'agit notamment du petit *Cryptosylvicola randrianasoloi* (à gauche), qui est très répandu à des altitudes supérieures de la forêt humide **sempervirente** de montagne mais il est resté inconnu jusqu'à il y a quelques années, au moins en partie, compte tenu de son habitude de vivre dans la **canopée** (Cliché par Nick Athanas.) et *Xanthomixis apperti* (à droite), qui apparaît dans la forêt sèche **caducifoliée** du Sud-ouest. (Cliché par Ken Behrens.)

Figure 21. Bien qu'il ne soit pas un membre de l'un des groupes d'oiseaux **endémiques** au **niveau supérieur** de Madagascar, une découverte remarquable récente d'une nouvelle espèce pour la science a été trouvée, *Mentocrex beankaensis*, une grande raille forestière, qui a été nommée à partir de la forêt de Beanka, à l'Est de Maintirano. (Dessin par Velizar Simeonovski.)

Tableau 4. Liste de la faune aviaire moderne de Madagascar, qui comprend les espèces **introduites** et les **populations** nicheuses connues. Codes pour le statut : E – endémique, Er – erratique, Et – éteint ou probablement éteint, I – introduit, M – migrateur, N – nicheur. Les noms communs en français sont présentés. Les détails sur la **classification** au niveau des sous-familles ne sont pas inclus.

Systématique	Nom commun	Statut
Ordre Procellariiformes		
Famille Diomedeidae		
Diomedea cauta	Albatros à cape blanche	M
Diomedea chlororhynchos	Albatros à nez jaune	M
Diomedea melanophrys	Albatros à sourcils noirs	M
Famille Procellariidae		
Bulweria fallax	Pétrel de Jouanin	M
Calonectris diomedea	Puffin cendré	M
Daption capense	Damier du Cap	M
Macronectes giganteus	Fulmar géant	M
Pachyptila desolata	Prion de la Désolation	M
Pachyptila belcheri	Prion de Belcher	M
Pterodroma baraui	Pétrel de Barau	M
Pterodroma macroptera	Pétrel noir	M
Pterodroma mollis	Pétrel soyeux	M
Puffinus pacificus	Puffin fouquet	N
Puffinus carneipes	Puffin à pieds pâles	M
Famille Hydrobatidae		
Fregetta tropica	Océanite à ventre noir	M
Fregetta grallaria	Océanite à ventre blanc	M
Oceanites oceanicus	Océanite de Wilson	M
Pelagodroma marina	Océanite frégate	M
Ordre Sphenisciformes		
Famille Spheniscidae		
Eudyptes chrysocome	Gorfou sauteur	Er

Systématique	Nom commun	Statut
Ordre Podicipediformes		
Famille Podicipedidae		
Tachybaptus pelzelnii	Grèbe malgache	E
Tachybaptus ruficollis	Grèbe castagneux	N
Tachybaptus rufolavatus	Grèbe roussâtre	Et
Ordre Pelecaniformes		
Famille Phaethontidae		
Phaethon aethereus	Phaéton à bec rouge	Er
Phaethon lepturus	Phaéton à bec jaune	N
Phaethon rubricauda	Phaéton à brins rouges	N
Famille Sulidae		
Sula dactylatra	Fou masqué	Er
Sula leucogaster	Fou brun	N
Sula sula	Fou à pieds rouges	Er
Famille Phalacrocoracidae		
Phalacrocorax africanus	Cormoran africain	N
Famille Anhingidae		
Anhinga melanogaster	Anhinga roux	N
Famille Pelecanidae		
Pelecanus rufescens	Pélican gris	M
Famille Fregatidae		
Fregata ariel	Frégate ariel	N

Tableau 4. (suite)

Systématique	Nom commun	Statut
Fregata minor	Frégate du Pacifique	N
Ordre Ciconiiformes		
Famille Ardeidae		
Ardea cinerea	Héron cendré	N
Ardea goliath	Héron goliath	Er
Ardea humbloti	Héron de Humblot	E
Ardea melanocephala	Héron mélanocéphale	Er
Ardea purpurea	Héron pourpré	N
Ardeola idae	Crabier blanc	M, N
Ardeola ralloides	Crabier chevelu	N
Bubulcus ibis	Héron garde-bœufs	N
Butorides striatus	Héron strié	N
Egretta albus	Grande aigrette	N
Egretta ardesiaca	Aigrette ardoisée	N
Egretta dimorpha	Aigrette dimorphe	N
Ixobrychus minutus	Blongios nain	N
Nycticorax nycticorax	Bihoreau gris	N
Famille Scopidae		
Scopus umbretta	Ombrette d'Afrique	N
Famille Ciconiidae		
Anastomus lamelligerus	Bec-ouvert africain	N
Mycteria ibis	Tantale africain	N
Famille Threskiornithidae		
Lophotibis cristata	Ibis huppé	E
Platalea alba	Spatule d'Afrique	N
Plegadis falcinellus	Ibis falcinelle	N
Threskiornis bernieri	Ibis sacré de Madagascar	N

Systématique	Nom commun	Statut
Famille Phoenicopteridae		
Phoeniconaias minor	Flamant nain	M
Phoenicopterus ruber	Flamant rose	M
Ordre Anseriformes		
Famille Anatidae		
Anas bernieri	Sarcelle de Bernier	E
Anas erythrorhyncha	Canard à bec rouge	N
Anas hottentota	Sarcelle hottentote	N
Anas melleri	Canard de Meller	E
Aythya innotata	Fuligule de Madagascar	E
Dendrocygna bicolor	Dendrocygne fauve	N
Dendrocygna viduata	Dendrocygne veuf	N
Nettapus auritus	Anserelle naine	N
Sarkidiornis melanotos	Canard à bosse	N
Thalassornis leuconotus	Erismature à dos blanc	N
Ordre Falconiformes		
Famille Accipitridae		
Accipiter francesii	Epervier de Frances	N
Accipiter henstii	Autour de Henst	E
Accipiter madagascariensis	Epervier de Madagascar	E
Aviceda madagascariensis	Baza malgache	E
Buteo brachypterus	Buse de Madagascar	E
Circus macrosceles	Busard de Madagascar	E
Elanus caeruleus	Elanion blanc	Er
Eutriorchis astur	Serpentaire de Madagascar	E
Haliaeetus vociferoides	Pygargue de Madagascar	E
Lophaetus occipitalis	Aigle huppard	Er
Machaerhamphus alcinus	Milan des chauves-souris	N

Tableau 4. (suite)

Systématique	Nom commun	Statut
Milvus aegyptius	Milan à bec jaune	N
Polyboroides radiatus	Serpentaire rayé	E
Pandion haliaetus	Balbuzard pêcheur	Er
Famille Falconidae		
Falco concolor	Faucon concolore	M
Falco eleonorae	Faucon d'Eléonore	M
Falco newtoni	Crécerelle malgache	N
Falco peregrinus	Faucon pèlerin	N
Falco zoniventris	Faucon à ventre rayé	E
Ordre Galliformes		
Famille Phasianidae		
Coturnix coturnix	Caille des blés	N
Coturnix delegorguei	Caille arlequin	N
Margaroperdix madagarensis	Perdrix de Madagascar	E
Famille Numididae		
Numida meleagris	Pintade de Numidie	I ?
Ordre Gruiformes		
Famille Mesitornithidae[1]		
Mesitornis unicolor	Mésite unicolore	E
Mesitornis variegata	Mésite varié	E
Monias benschi	Mésite monias	E
Famille Turnicidae		
Turnix nigricollis	Turnix de Madagascar	E
Famille Rallidae		
Amaurornis olivieri	Marouette d'Olivier	E

Systématique	Nom commun	Statut
Daseioura insularis	Râle insulaire	E
Dryolimnas cuvieri	Râle de Cuvier	N
Fulica cristata	Foulque caronculée	N
Gallinula chloropus	Gallinule poule d'eau	N
Lemurolimnas watersi	Râle de Waters	E
Mentocrex beankaensis	Râle des Tsingy	E
Mentocrex kioloides	Râle à gorge blanche	E
Porzana pusilla	Marouette de Baillon	N
Porphyrio porphyrio	Talève sultane	N
Porphyrula alleni	Talève d'Allen	N
Rallus madagascariensis	Râle de Madagascar	E
Ordre Charadriiformes		
Famille Jacanidae		
Actophilornis albinucha	Jacana malgache	E
Famille Rostratulidae		
Rostratula benghalensis	Rhynchée peinte	N
Famille Recurvirostridae		
Himantopus himantopus	Echasse blanche	N
Recurvirostra avosetta	Avocette élégante	Er
Famille Dromadidae		
Dromas ardeola	Drome ardéole	M
Famille Glareolidae		
Glareola ocularis	Glaréole malgache	M, N
Famille Charadiidae		
Charadrius hiaticula	Grand gravelot	M

Tableau 4. (suite)

Systématique	Nom commun	Statut
Charadrius leschenaultii	Gravelot de Leschenault	M
Charadrius marginatus	Gravelot à front blanc	N
Charadrius mongolus	Gravelot mongol	M
Charadrius pecuarius	Gravelot pâtre	N
Charadrius thoracicus	Gravelot à bandeau noir	E
Charadrius tricollaris	Gravelot à triple collier	N
Pluvialis fulva	Pluvier fauve	Er
Pluvialis squatarola	Pluvier argenté	M
Famille Scolopacidae		
Actitis hypoleucos	Chevalier guignette	M
Arenaria interpres	Tournepierre à collier	M
Calidris acuminata	Bécasseau à queue pointue	Er
Calidris alba	Bécasseau sanderling	M
Calidris ferruginea	Bécasseau cocorli	M
Calidris minuta	Bécasseau minute	Er
Gallinago macrodactyla	Bécassine malgache	E
Limosa lapponica	Barge rousse	M
Limosa limosa	Barge à queue noire	Er
Numenius arquata	Courlis cendré	M
Numenius phaeopus	Courlis corlieu	M
Philomachus pugnax	Combattant varié	Er
Tringa glareola	Chevalier sylvain	M
Tringa ocrophus	Chevalier culblanc	Er
Tringa nebularia	Chevalier aboyeur	M
Tringa stagnatilis	Chevalier stagnatile	Er
Xenus cinereus	Chevalier bargette	M
Famille Stercorariidae		
Catharacta antarctica	Labbe antarctique	M
Stercorarius longicaudus	Labbe à longue queue	Er
Stercorarius parasiticus	Labbe parasite	Er
Famille Laridae		
Larus cirrocephalus	Mouette à tête grise	N
Larus dominicanus	Goéland dominicain	N
Larus hemprichii	Goéland de Hemprich	M
Famille Sternidae		
Anous stolidus	Noddi brun	N
Anous tenuirostris	Noddi marianne	M
Chlidonias hybridus	Guifette moustac	N
Chlidonias leucopterus	Guifette leucoptère	Er
Chlidonias niger	Guifette noire	Er
Gygis alba	Gygis blanche	Er
Sterna anaethetus	Sterne bridée	N
Sterna bengalensis	Sterne voyageuse	N
Sterna bergii	Sterne huppée	N
Sterna caspia	Sterne caspienne	N
Sterna dougallii	Sterne de Dougall	N
Sterna fuscata	Sterne fuligineuse	N
Sterna hirundo	Sterne pierregarin	M
Sterna nilotica	Sterne hansel	Er
Sterna sandvicensis	Sterne caugek	Er
Sterna saundersi	Sterne de Saunders	M
Sterna sumatrana	Sterne diamant	Er
Ordre Columbiformes		
Famille Pteroclididae		
Pterocles personatus	Ganga masqué	E

Tableau 4. (suite)

Systématique	Nom commun	Statut
Famille Columbidae		
Alectroenas madagascariensis	Founingo bleu	E
Columba livia	Pigeon biset	I
Oena capensis	Tourterelle masquée	N
Streptopelia picturata	Tourterelle peinte	N
Treron australis	Colombar maïtsou	N
Ordre Psittaciformes		
Famille Psittacidae		
Agapornis cana	Inséparable à tête grise	E
Coracopsis nigra	Perroquet noir	N
Coracopsis vasa	Perroquet vasa	N
Ordre Cuculiformes		
Famille Cuculidae		
Centropus toulou	Coucal toulou	N
Coua caerulea	Coua bleu	E
Coua coquereli	Coua de Coquerel	E
Coua cristata	Coua huppé	E
Coua cursor	Coua coureur	E
Coua delalandei	Coua de Delalande	Et
Coua gigas	Coua géant	E
Coua reynaudii	Coua de Reynaud	E
Coua ruficeps	Coua à tête rousse	E
Coua serriana	Coua de Serre	E
Coua verreauxi	Coua de Verreaux	E
Cuculus audeberti	Coucou d'Audebert	M, N ?
Cuculus rochii	Coucou de Madagascar	M, N

Systématique	Nom commun	Statut
Ordre Strigiformes		
Famille Tytonidae		
Tyto alba	Effraie des clochers	N
Tyto soumagnei	Effraie de Soumagne	E
Famille Strigidae		
Asio capensis	Hibou du Cap	N
Asio madagascariensis	Hibou malgache	E
Ninox superciliaris	Ninoxe à sourcils	E
Otus rutilus[2]	Petit duc malgache	E
Ordre Caprimulgiformes		
Famille Caprimulgidae		
Caprimulgus enarratus	Engoulevent de Gray	E
Caprimulgus madagascariensis	Engoulevent malgache	N
Ordre Apodiformes		
Famille Apodidae		
Apus affinis	Martinet des maisons	N
Apus barbatus	Martinet du Cap	N
Apus melba	Martinet à ventre blanc	N
Cypsiurus parvus	Martinet des palmes	N
Zoonavena grandidieri	Martinet de Grandidier	N
Ordre Coraciiformes		
Famille Alcedinidae		
Alcedo vintsioides	Martin-pêcheur vintsi	N
Corythornis madagascariensis	Martin-chasseur roux	E

Tableau 4. (suite)

Systématique	Nom commun	Statut
Famille Meropidae		
Merops apiaster	Guêpier d'Europe	Er
Merops superciliosus	Guêpier de Madagascar	N
Famille Coraciidae		
Eurystomus glaucurus	Rolle violet d'Afrique	M, N
Famille Brachypteraciidae		
Atelornis crossleyi	Brachyptérolle de Crossley	E
Atelornis pittoides	Brachyptérolle pittoïde	E
Brachypteracias leptosomus	Brachyptérolle leptosome	E
Geobiastes squamiger	Brachyptérolle écaillé	E
Uratelornis chimaera	Brachyptérolle à longue queue	E
Famille Leptosomidae		
Leptosomus discolor	Courol	N
Famille Upupidae		
Upupa marginata	Huppe de Madagascar	E
Ordre Passeriformes		
Famille Eurylaimidae[4]		
Neodrepanis coruscans	Philépitte souimanga	E
Neodrepanis hypoxantha	Philépitte de Salomonsen	E
Philepitta castanea	Philépitte veloutée	E
Philepitta schlegeli	Philépitte de Schlegel	E
Famille Alaudidae		
Mirafra hova	Alouette malgache	E
Famille Hirundinidae		
Hirundo abyssinica	Hirondelle striée	Er
Hirundo rustica	Hirondelle rustique	M
Phedina borbonica	Hirondelle des Mascareignes	N
Riparia paludicola	Hirondelle paludicole	N
Riparia riparia	Hirondelle de rivage	Er
Famille Motacillidae		
Motacilla flaviventris	Bergeronnette malgache	E
Famille Campephagidae		
Coracina cinerea	Échenilleur malgache	N
Famille Pycnonotidae		
Hypsipetes madagascariensis	Bulbul de Madagascar	N
Famille Bernieridae[5]		
Bernieria madagascariensis	Tretreke à bec long	E
Crossleyia xanthophrys	Oxylabe à sourcils jaunes	E
Cryptosylvicola randrianasoloi	Randie cryptique	E
Hartertula flavoviridis	Eréonesse à queue étagée	E
Oxylabes madagascariensis	Oxylabe à gorge blanche	E
Randia pseudozosterops	Randie malgache	E
Thamnornis chloropetoides	Nésille kiritika	E
Xanthomixis apperti	Tretreke d'Appert	E
Xanthomixis cinereiceps	Tretreke à tête grise	E
Xanthomixis tenebrosus	Tretreke obscur	E
Xanthomixis zosterops	Tretreke à bec court	E

Tableau 4. (suite)

Systématique	Nom commun	Statut
Famille Turdidae		
Monticola imerinus	Monticole du littoral	E
Monticola sharpei[6]	Monticole de forêt	E
Copsychus albospecularis	Dyal malgache	E
Saxicola torquata	Traquet pâtre	N
Famille Sylviidae		
Acrocephalus newtoni	Rousserole de Newton	E
Cisticola cherina	Cisticole malgache	E
Dromaeocercus brunneus	Droméocerque brun	E
Dromaeocercus seebohmi	Amphilaïs tachetée	E
Neomixis striatigula	Grande éréonesse	E
Neomixis tenella	Petite éréonesse	E
Neomixis viridis	Eréonesse verte	E
Nesillas lantzii	Nésille du sud	E
Nesillas typica	Nésille malgache	N
Famille Vangidae[7]		
Artamella viridis	Artamie à tête blanche	E
Calicalicus madagascariensis	Calicalic malgache	E
Calicalicus rufocarpalis	Calicalic à œil blanc	E
Cyanolanius madagascarinus	Artamie azurée	N
Euryceros prevostii	Eurycère de Prévost	E
Falculea palliata	Falculie mantelée	E
Hypositta corallirostris	Hypositte malgache	E
Leptopterus chabert	Artamie de Chabert	E
Mystacornis crossleyi	Mystacorne de Crossley	E
Newtonia amphichroa	Newtonie sombre	E
Newtonia archboldi	Newtonie d'Archbold	E
Newtonia brunneicauda	Newtonie commune	E
Newtonia fanovanae	Newtonie de Fanovana	E

Systématique	Nom commun	Statut
Oriolia bernieri	Oriolie de Bernier	E
Pseudobias wardi	Pririt de Ward	E
Schetba rufa	Vanga roux	E
Tylas eduardi	Tylas à tête noire	E
Vanga curvirostris	Vanga écorcheur	E
Xenopirostris damii	Vanga de Van Dam	E
Xenopirostris polleni	Vanga de Pollen	E
Xenopirostris xenopirostris	Vanga de Lafresnaye	E
Famille Monarchidae		
Terpsiphone mutata	Tchitrec malgache	N
Famille Nectariniidae		
Nectarinia notata	Souimanga angaladian	N
Nectarinia souimanga	Souimanga malgache	N
Famille Zosteropidae		
Zosterops maderaspatana	Zostérops malgache	N
Famille Oriolidae		
Oriolus oriolus	Loriot d'Europe	Er
Famille Dicruridae		
Dicrurus forficatus	Drongo malgache	N
Famille Corvidae		
Corvus albus	Corbeau pie	N
Famille Sturnidae		
Acridotheres tristis	Martin triste	I
Creatophora cinerea	Etourneau caronculé	Er

Tableau 4. (suite)

Systématique	Nom commun	Statut
Hartlaubius auratus	Etourneau malgache	E
Famille Ploceidae		
Foudia madagascariensis	Foudi rouge	E
Foudia omissa	Foudi de forêt	E
Passer domesticus	Moineau domestique	I
Ploceus nelicourvi	Tisserin nelicourvi	E
Ploceus sakalava	Foudi sakalave	E
Famille Estrildidae		
Estrilda astrild	Astrild ondulé	I
Lonchura nana	Capucin de Madagascar	E

[1] Des preuves récentes indiquent que cette famille devrait être placée dans l'ordre de Mesitornithiformes (40).
[2] L'espèce *O. madagascariensis* est un synonyme d'*O. rutilus* (47).
[3] Pour la désignation générique de cette espèce, nous suivons une révision récente (113).
[4] Ce groupe était auparavant placé dans la famille endémique des Philepittidae et est actuellement transféré dans les Eurylaimidae (126, 133).
[5] Cette famille endémique de Madagascar récemment créée représente une **radiation adaptative** antérieurement ignorée (30).
[6] Deux membres de ce genre seulement sont connus à Madagascar. Les formes *bensoni* et *erythronotus*, tout en montrant une certaine différence **morphologique**, sont considérées comme synonymes de *M. sharpei* basé sur des données de **génétique moléculaire** (33).
[7] Des études moléculaires récentes ont révélé de nombreuses surprises sur la configuration de cette famille (90, 127, 157, 183).

NOMS COMMUNS ET SYNONYMIE

Les noms **vernaculaires** malgaches proviennent de plusieurs origines (**étymologie**), à partir de la taille, de la coloration du plumage, du comportement, de la présence d'une particularité au niveau de la **morphologie** et surtout des cris ou chants de chaque espèce. Les noms changent d'une région à une autre, d'un **dialecte** à un autre. Il arrive aussi que plusieurs espèces similaires portent le même nom dans une région. Il est donc difficile d'attribuer un nom défini à une seule espèce ou un seul nom à une espèce. En outre, la **systématique** de certains oiseaux a connu des modifications au cours de ces dernières années suite aux différentes révisions de la classification à partir des études **génétiques moléculaires**. Afin que les lecteurs puissent se familiariser avec les oiseaux, les noms communs réunis dans plusieurs parties de l'île, ainsi que les noms scientifiques utilisés récemment sont donnés dans cette section (Tableau 5).

Tableau 5. Les noms communs et synonymies des espèces d'oiseaux **endémiques** malgaches.

Systématique	Synonymie	Nom vernaculaire malgache
Ordre Gruiformes		
Famille Mesitornithidae		
Mesitornis unicolor	*Mesites unicolor, Mesoenas unicolor*	*roatelo, voron'atambo*
Mesitornis variegata	*Mesites variegata, Mesoenas variegata,*	*fangadekovy, tolohon'ala*
Monias benschi	*Mesitornis benschi*	*naka*
Ordre Cuculiformes		
Famille Cuculidae		
Coua caerulea		*kirikiri, marih, mariha, taitso, taitso manga, teso, teso manga, teso mainty, tisy, kirikiri*
Coua coquereli		*akoka, akoke, aliotsy, gory, leja, letsa*
Coua cristata		*abosanga, ambohitsanga, antisoma, beloha, deoka, fandikalalana, tataihaka, tivoka, tokambolo, tsiloko*
Coua cursor		*aliotse, aliotsy, kadibake,*
Coua delalandei	*Cochlothraustes delalandei*	*famakiakora*
Coua gigas		*aoka, coke, gory, lejabe, tivoky*
Coua reynaudii		*fandikalalana, koa, pokafo, taitaoro, taitohaka*

Systématique	Synonymie	Nom vernaculaire malgache
Coua ruficeps		*akoke, akoky, aliotsa, aliotse, gory*
Coua serriana		*fandikalalana, koa, tivoka, tsivoka*
Coua verreauxi	*Coua cristata verreauxi*	*arefy, tivoka*
Ordre Coraciiformes		
Famille Brachypteraciidae		
Atelornis pittoides	*Brachypteracias pittoides*	*fangadiovy, reningaly, sakoka, tsakoka, voronsikinana*
Atelornis crossleyi	*Brachypteracias crossleyi*	*voromboka*
Brachypteracias leptosomus		*famakiakora, fandadiovy, fandikalalana*
Geobiastes squamiger	*Brachypteracias squamigera, Geobiastes squamigera, G. squamigerus*	*fangadiovy*
Uratelornis chimaera		*bokitsy, tolohorano*
Famille Leptosomidae		
Leptosomus discolor	*Cuculus discolor*	*kirombo, reoreo, vorondreo*
Ordre Passeriformes		
Famille Eurylaimidae		
Neodrepanis coruscans		*soinala, zafindrasity*
Neodrepanis hypoxantha		*soinala, zafindrasity*
Philepitta castanea		*asity, soisoy*
Philepitta schlegeli		*asity*
Famille Bernieridae		
Bernieria madagascariensis	*Phyllastrephus madagascariensis*	*droadroaka, farifotra mavo, tetekala, tretreka*
Crossleyia xanthophrys	*Bernieria xanthophrys, Oxylabes xanthophrys*	*foditany*
Cryptosylvicola randrianasoloi		
Hartertula flavoviridis	*Neomixis flavoviridis*	*jery*
Oxylabes madagascariensis		*farifotra mena, foditany*
Randia pseudozosterops	*Randia pseudo-zosterops*	*jijy, kimitsy*
Thamnornis chloropetoides		*arity, kiritika*
Xanthomixis apperti	*Bernieria apperti, Phyllastrephus apperti*	
Xanthomixis cinereiceps	*Bernieria cinereiceps, Oxylabes cinereiceps, Phyllastrephus cinereiceps*	*farifotra*
Xanthomixis tenebrosus	*Bernieria tenebrosa, B. tenebrosus, Phyllastrephus tenebrosus*	*farifotra*

Systématique	Synonymie	Nom vernaculaire malgache
Xanthomixis zosterops	*Bernieria zosterops, Oxylabes zosterops, Phyllastrephus zosterops*	*farifotra, farifotra, farifotra mavo loha, teteka*
Famille Vangidae		
Calicalicus madagascariensis		*kiboala, totokarasoka*
Calicalicus rufocarpalis		
Cyanolanius madagascarinus	*Cyanolanius bicolor*	*pasasatra, pasasatrala, raisasatra, vanga manga, voron-tsaraelatra*
Euryceros prevostii	*Areocharis prevostii*	*siketribe*
Falculea palliata		*fitilintsaiky, tiseatseaka, tsiatsiaka, voronjaza, voronzaza*
Hypositta corallirostris	*Hypherpes corallirostris*	*sakodidy, voronkodidina*
Artamella viridis	*Artamia leucocephala, Artamia viridis, Leptopterus viridis*	*remavo, tretreky, voromasiaka*
Leptopterus chabert	*Abbottornis chabert*	*fantsasatra, soroanja*
Mystacornis crossleyi	*Bernieria crossleyi*	*sorohitrala, talapiotany*
Newtonia amphichroa		*katekateky, kitikitika, tretre, tekateka*
Newtonia archboldi		
Newtonia brunneicauda		*katekateky, kitikitika, tekateka, tretre*
Newtonia fanovanae		
Oriolia bernieri	*Artamia bernieri*	*taporo*
Pseudobias wardi		*serikalambo, vorombarika, vorona masiaka*
Schetba rufa	*Lantzia rufa*	*paopaobava, siketriala*
Tylas eduardi		*kinkimavo, mokazavona*
Vanga curvirostris	*Vanga cristata*	*bekapoaky, fifiokala, vanga, vangasoratra*
Xenopirostris damii		*kinkimavo*
Xenopirostris polleni		*vangamaintiloha*
Xenopirostris xenopirostris	*Xenopirostris lafresnayi*	*tsilovanga*

Partie 2. Les groupes endemiques

Generalites sur les differents groupes d'oiseaux endemiques

Dans cette partie, nous présentons des détails précis sur différents aspects de l'**histoire naturelle** des sept groupes d'oiseaux **endémiques** aux **niveaux supérieurs** de Madagascar. Ces différents groupes comprennent la famille des Mesitornithidae ou mésites, la sous-famille des Couinae ou couas, la famille des Brachypteraciidae ou brachyptérolles, la famille des Leptosomidae ou courol, la sous-famille des Philepittinae ou philépittes, la famille des Bernieridae ou tretrekes et la famille des Vangidae ou vangas. Certains aspects sur ces oiseaux extraordinaires sont présentés plus en détail dans cette partie du livre afin de fournir des informations supplémentaires et de souligner leur unicité dans le **patrimoine naturel** de Madagascar et du monde en général.

Richesse spécifique

Mesitornithidae – Cette famille est représentée par deux genres, *Mesitornis* composé de deux espèces et *Monias* possédant un seul **taxon** vivant (Tableau 2) et une autre espèce **subfossile** non décrite mais déjà éteinte (Tableau 3). Au total, quatre espèces de mésites sont connues de l'île au cours de l'histoire géologique récente.

Couinae – Cette sous-famille est représentée à Madagascar par un seul genre, *Coua*, et neuf espèces vivantes (Tableau 2). Outre les deux espèces **subfossiles** éteintes (Tableau 3), *C. delalandei*, qui a été documentée à l'Ile de Ste. Marie, a disparu depuis 160 ans (Figure 22). Ainsi, un total de 12 espèces de *Coua* est connu sur l'île au cours de l'histoire géologique récente.

Brachypteraciidae – Cette famille est représentée par quatre genres, *Atelornis* contenant deux espèces, *Brachypteracias*, *Geobiastes* et *Uratelornis* sont **monospécifique** (Tableau 2, Figure 6). En incluant une espèce **subfossile** éteinte appartenant au genre *Brachypteracias* (Tableau 3), six espèces de brachyptérolles sont connues sur l'île au cours de l'histoire géologique récente.

Leptosomidae - Cette famille est trouvée seulement à Madagascar et aux Comores, elle est alors considérée comme une famille **endémique** de la Région malgache. Une étude basée sur la différence entre les plumages des **populations** de *Leptosomus discolor gracilis* de Madagascar et de la Grande Comore a finalement abouti à élever au rang d'espèce la population vivant à la Grande Comore (168).

Philepittinae – Cette famille comprend deux genres, *Philepitta* et *Neodrepanis*. Chacun est représenté par deux espèces (Tableau 2).

Bernieridae – Cette famille est actuellement représentée à

Figure 22. Illustration de *Coua delalandei*, une espèce qui s'est éteint au cours des 150 dernières années et était uniquement documentée sur l'Ile Sainte Marie auparavant. (Dessin d'après 116, planche 50.)

Madagascar par huit genres (*Bernieria*, *Crossleyia*, *Cryptosylvicola*, *Hartertula*, *Oxylabes*, *Randia*, *Thamnornis* et *Xanthomixis*) et 11 espèces (Tableau 2).

Vangidae – Cette famille est représentée à Madagascar par 15 genres (*Artamella*, *Calicalicus*, *Cyanolanius*, *Euryceros*, *Falculea*, *Hypositta*, *Leptopterus*, *Mystacornis*, *Newtonia*, *Oriolia*, *Pseudobias*, *Schetba*, *Tylas*, *Vanga* et *Xenopirostris*), et 21 espèces (Tableau 2). *Cyanolanius madagascarinus* vit également aux Comores et constitue ainsi une espèce **endémique** de la Région malgache. A l'exception de *Calicalicus*, *Newtonia* et *Xenopirostris*, tous les genres sont **monotypiques** ou représentés chacun par une seule espèce. Une récente étude basée sur un assez vieux **spécimen** trouvé à proximité du Parc National d'Andohahela (parcelle 1) (131), a révélé une nouvelle espèce de *Hypositta*, dénommée *H. perdita*. Nous ne la considérons pas ici pour diverses raisons discutées dans d'autres ouvrages (71).

Systématiques

Mesitornithidae - Classiquement, les mésites de Madagascar ont été placées dans la famille **endémique** des Mesitornithidae et dans l'ordre des Gruiformes. Cependant, les résultats de récentes études de **génétique moléculaire** sur ce groupe ont montré certaines contradictions de telle sorte que les relations **phylogénétiques** des mésites ne sont pas encore résolues. Les anciennes études phylogénétiques basées sur des échantillons provenant uniquement de *Mesitornis unicolor* ont permis de constater que les mésites forment un groupe génétiquement **divergent** des Gruiformes (88). Leur **clade** paraît se rapprocher de celui des cariamas (famille des Cariamidae) d'Amérique du Sud et peut-être des outardes (famille des Otididae) (88, 109). Les informations issues de ces travaux semblent suggérer que ce groupe serait une **lignée** très ancienne. Cependant, d'autres études morphologiques ont conclu les Mesitornithidae comme un **groupe sœur** des turnix (famille des Turnicidae) (110). Une analyse antérieure de génétique moléculaire a indiqué qu'elles seraient des taxa sœurs des aegothelidés (famille des Aegothelidae) d'Australie, de Nouvelle-Guinée et de Nouvelle-Calédonie (40). La plus récente analyse phylogénétique réalisée à grande échelle a abouti à la conclusion que les mésites auraient plutôt une relation proche avec les pigeons (famille des Columbidae) et les gangas (famille des Pteroclididae) (79). Bien que cette relation paraisse plus vraisemblable par rapports aux différentes conclusions précédentes, elle semble encore faible et les mésites méritent encore une attention particulière afin de définir leur véritable relation phylogénétique.

Couinae - Différents auteurs ont divisé les espèces actuelles de *Coua* en deux groupes distincts, les espèces **arboricoles** ou **grimpeurs** comprenant *C. caerulea*, *C. cristata* et *C. verreauxi* et les espèces **terrestres** ou **coureurs** (119, 151) représentées par *C. coquereli*, *C. cursor*, *C. gigas*, *C. reynaudii*, *C. ruficeps* et *C. serriana*. Les études récentes de **génétique moléculaire** sur la sous-famille présentent un **clade** qui distingue des formes arboricoles et un autre regroupement composé des espèces terrestres, et soutiennent ainsi cette division (91, 130, 169). En outre, les couas actuels peuvent être catégorisés en quatre différentes classes suivant leur taille : grande taille (*C. gigas*), taille moyenne (*C. caerulea*), moyenne et petite taille (*C. coquereli*, *C. cristata*, *C. reynaudii*, *C. ruficeps* et *C. serriana*) et petite taille (*C. cursor* et *C. verreauxi*). Ainsi, d'une manière générale, il est rare que deux espèces de la même taille et du même mode de **locomotion** soient **sympatriques**.

La **taxonomie** au sein du genre *Coua* reste largement stable au cours des dernières années. La principale exception concerne les deux sous-espèces *C. r. ruficeps* et *C. r. olivaceiceps* qui ont été élevées au rang d'espèce, cette conclusion a été tirée du fait que ces deux formes vivent en **sympatrie** (dans un même habitat) alors qu'elles ne montrent aucune signe d'**hybridation** mais affichent une nette différence quant à leur vocalisation et leur coloration (168). Les détails spécifiques de ce changement taxinomique restent encore à publier.

Différentes **hypothèses** sur les relations entre les couas et d'autres membres de l'ordre des Cuculiiformes ont été avancées. La **systématique** classique range cet ordre dans la sous-famille **endémique** des Couinae, qui est divisée entre les Centropodinae de l'**Ancien Monde** et les Neomorphinae du **Nouveau Monde**. L'ensemble a été mis dans la famille des Cuculidae, qui renferme plusieurs autres sous-familles. Par la suite, les études de génétique moléculaire ont permis de proposer différentes idées. Une étude publiée plaçait les couas dans une tribu, les Couini, dont les **groupes sœurs** étaient la tribu des Phaenicophaeini (malkohas asiatiques) et celles de la sous-famille des Phaenicophaeinae (130, 169). Récemment, une autre étude a indiqué que le genre *Centropus* (qui est généralement placé dans la sous-famille des Centropodinae) est le taxon sœur des couas, plutôt que le genre *Phaenicophaeus*, l'un des malkohas asiatiques (79). Ainsi, ces deux études fournissent des points de vue contradictoires, tant sur les relations étroites au sein des Couinae considérées ici, que sur l'ordre des Cuculiformes.

Brachypteraciidae – Une étude de **génétique moléculaire** a permis de conclure que les brachyptérolles étaient **monophylétiques** (92) et constituaient une lignée au sein des Coraciiformes (Figure 23). Ces résultats sont confortés à l'issue d'une recherche plus récente qui a placé la famille des Brachypteraciidae au sein de l'ordre des Coraciiformes, **groupes sœurs** du genre *Coracias*, et en outre, les brachyptérolles sont remarquablement éloignées de *Leptosomus* (79). En effet, au sein des brachyptérolles, *Geobiastes squamiger* se trouvait dans un **clade** différent de *Brachypteracias leptosomus*, par conséquent, les auteurs ont proposé de placer cette première espèce dans le genre *Geobiastes* (92, 114) dans lequel l'espèce était rangée dans le passé (Tableau 2).

Leptosomidae – Cette famille est soit **monospécifique**, soit contenant un complexe d'espèces, et jusqu'à récemment, le nom de Leptosomatidae a été utilisé. Cependant, comme Leptosomatidae était auparavant utilisé pour un groupe des nématodes ou vers ronds (ordre des Nematoda), le nom de famille de ces oiseaux a du être changé en Leptosomidae (15).

L'énigmatique genre *Leptosomus* a été initialement considéré comme lié aux coucous (ordre des Cuculiformes). Toutefois par la suite, ses différentes caractéristiques **anatomiques** lui attribuaient sa propre famille (ordre des Coraciiformes) et qui est considérée comme en étroite relation avec d'autres familles de cet ordre, particulièrement avec les coraciidés (famille des Coraciidae) et les brachyptérolles (famille des Brachypteraciidae). Une étude récente basée sur des données **génétiques moléculaires** a encore remis en question cette conclusion et a indiqué que les **groupes sœurs** de *Leptosomus* sont les pics (ordre des Piciformes), les Coraciiformes et les trogons (ordre des Trogoniformes) (79).

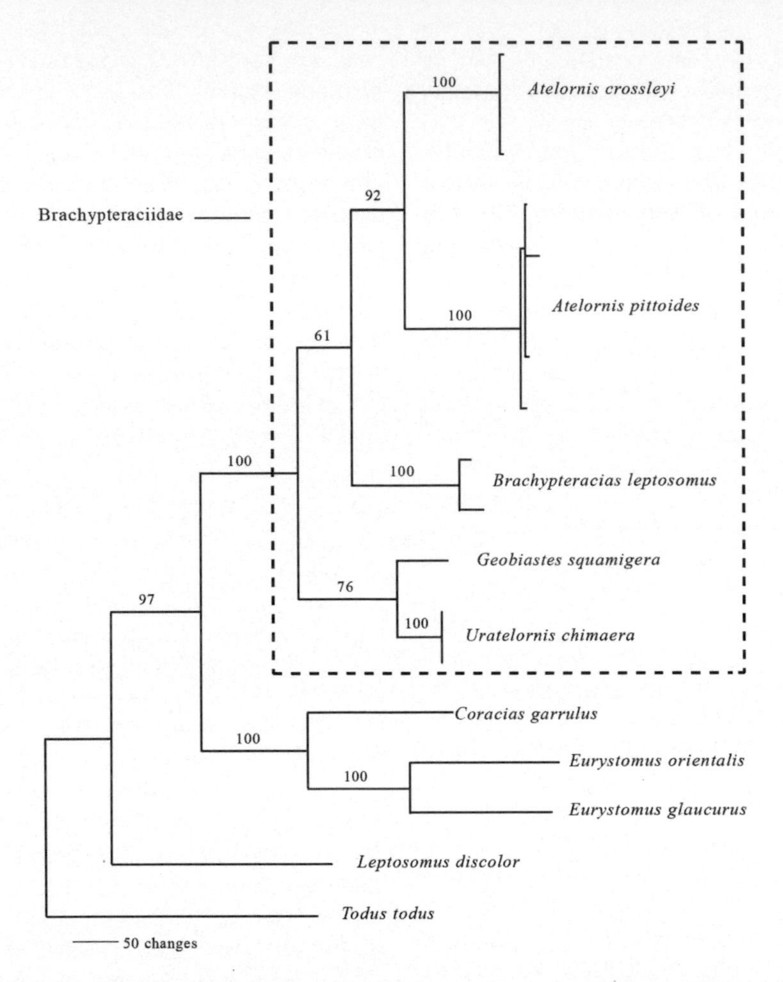

Figure 23. **Phylogénie** des Brachypteraciidae, une famille **endémique** de Madagascar, d'après les études de **génétiques moléculaires**. Cette figure illustre l'**évolution** présumée et le processus de **spéciation** après la **colonisation** de Madagascar par l'**ancêtre** de la **lignée** des brachyptérolles. (D'après 92.)

Cette conclusion doit être approfondie et les relations **phylogénétiques** des Leptosomidae restent encore floues.

Philepittinae – Les quatre espèces actuellement regroupées au sein de cette sous-famille étaient auparavant placées dans leur propre famille, les Philepittidae, considérée comme une famille **endémique** de Madagascar. Cette dernière était considérée comme une famille séparée et isolée des **suboscines**, un groupe de l'ordre des Passeriformes ayant un **syrinx** d'une structure relativement simple (2, 3, 145). Au début des années 1990, l'**ornithologue** Richard Prum, a étudié l'**anatomie** des suboscines et une analyse **phylogénétique** a révélé que la famille des Eurylaimidae de l'**Ancien Monde** n'était pas **monophylétique** et contenait les membres des genres *Philepitta* et *Neodrepanis* (133). Afin de résoudre cette incohérence, la famille des Philepittidae a du être abandonnée et les membres des deux genres ont été placés dans la famille des Eurylaimidae, à l'intérieur d'une sous-famille séparée, les Philepittinae. Dans une étude de **génétique moléculaire** ultérieure, cette relation a été soutenue (126). Dans le présent ouvrage, nous adoptons la **classification** des philépittes dans la sous-famille des Philepittinae et la famille des Eurylaimidae.

Les philépittes présentent une **radiation adaptative** dont le changement **évolutif** est, entre autre, en rapport avec le **régime alimentaire**, l'**écologie**, la **morphologie** et le **comportement** reproducteur de ces oiseaux (135, 136). Prum (133) a indiqué que la **diversification** de la morphologie du bec a pu se produire après la **colonisation**, en réponse à des pressions sélectives sur l'alimentation.

Bernieridae – Récemment encore, avant les études de **génétique moléculaire** concernant les **passereaux endémiques** de Madagascar, la famille des Bernieridae n'a pas été reconnue (28, 29, 30 ; Figure 24). Cette famille, généralement désignée ici sous le nom de tretrekes, englobe actuellement les différents genres et espèces d'oiseaux (Tableau 2) qui, d'après les caractères **morphologiques** externes, étaient auparavant placés dans les familles des Timaliidae (*Oxylabes madagascariensis* et *Crossleyia xanthophrys*), des Sylviidae (*Thamnornis chloropetoides*, *Randia pseudozosterops* et *Hartertula flavoviridis*) et des Pycnonotidae (*Bernieria madagascariensis* et *Xanthomixis* spp.). Ce récent travail constitue un exemple extraordinaire de la **radiation adaptative** et de l'importance des études moléculaires dans la compréhension des modèles évolutifs. En outre, cette recherche souligne que les études morphologiques classiques des **spécimens muséologiques** ne permettent pas, à un certain niveau, de toujours bien différencier les caractères qui sont **convergents** mais issus des **origines** différentes, par rapport à ceux provenant d'un **ancêtre** commun (**monophylétique**).

La reconnaissance de ce groupe d'oiseaux à Madagascar a été une nouvelle extraordinaire pour les **ornithologues** du monde. Enfin, les membres des genres *Bernieria* et *Xanthomixis* étaient auparavant placés dans les bulbuls communs, du genre *Phyllastrephus* d'Afrique australe (famille des Pycnonotidae). Ce qui s'est avéré également incorrect car ces oiseaux constituent, en réalité, un autre cas remarquable de convergence des plumages et d'autres caractères morphologiques externes. Le genre et l'espèce *Cryptosylvicola randrianasoloi* ont été nommés comme nouveaux pour la science en 1996, sur la base d'un spécimen collecté dans la forêt de Maromiza qui se trouve

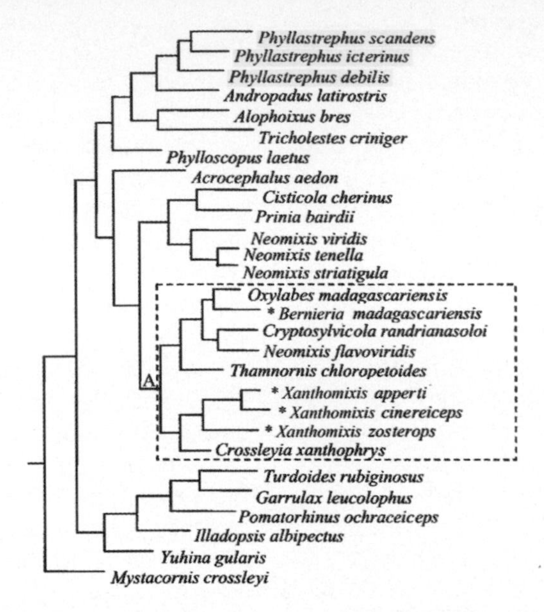

Figure 24. Phylogénie des Bernieridae, une famille **endémique** de Madagascar, obtenue d'après les études de **génétique moléculaire**. Ces études ont montré clairement l'importance des outils moléculaires pour distinguer les caractères **paraphylétiques** des **monophylétiques**. Le **clade** composé des Bernieridae est marqué avec la lettre A. Les membres de la famille, auparavant placés dans le genre *Phyllastrephus* de l'Afrique (colorés en jaune), sont indiqués avec le signe * et incluent les membres actuels des genres *Bernieria* et *Xanthomixis*. Compte tenu des positions éloignées des membres de ces trois genres au sein de l'**arbre phylogénétique**, il est évident que leur emplacement dans l'ancien genre *Phyllastrephus* était associé à des caractères externes **convergents**. (D'après 29.)

aux environs de la Réserve Spéciale d'Analamazaotra (Périnet) (70).

Vangidae – Pareillement au cas de la famille des Bernieridae discuté plus haut, suite aux récentes études de **génétique moléculaire** sur les **passereaux** malgaches, de nouvelles et étonnantes informations ont permis de connaître la composition des espèces de la famille des Vangidae (90, 157, 158, 182 ; Tableau 2). Les vangas sont **monophylétiques** et semblent descendre d'un **ancêtre** commun qui aurait colonisé l'île (Figure 25). Les diverses espèces qui composent désormais cette famille représentent ainsi l'une des plus extraordinaires **radiations adaptatives** des oiseaux dans le monde. Les différentes études ont démontré une grande **diversification** locale de cette famille à Madagascar, et cette **diversité** élevée n'est pas le résultat de **colonisations** multiples venant de l'extérieur. La grande diversité **morphologique** de la famille semble avoir été renforcée grâce à l'utilisation et à l'occupation ultimes des **niches écologique** vacantes de la Grande île.

La nouvelle configuration des Vangidae englobe désormais des oiseaux qui étaient auparavant placés

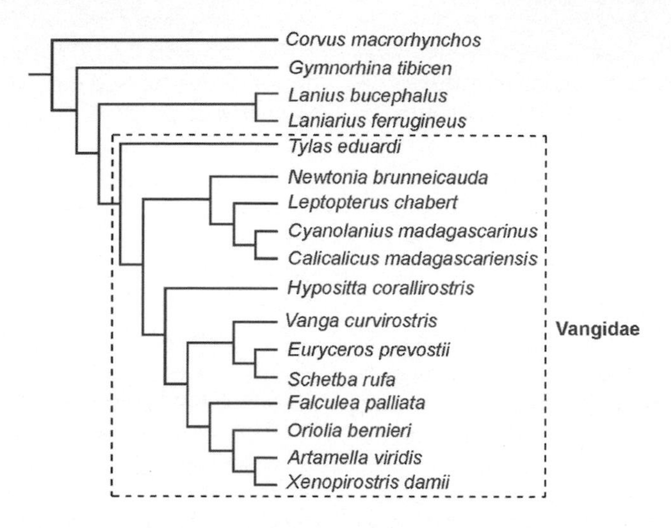

Figure 25. Phylogénie des Vangidiae, une famille **endémique** de Madagascar et des Comores d'après les études de **génétique moléculaire**. Ces études ont clairement démontré l'importance des outils moléculaires afin de distinguer les caractères **paraphylétiques** de ceux **monophylétiques**. Les résultats ont suggéré l'existence d'une grande **diversification** locale de cette famille à Madagascar, et cette **diversité** élevée n'est pas le résultat de **colonisations** multiples venant du dehors de Madagascar. Les grandes diversités **morphologique** et **écologique** de la famille semblent avoir été renforcées grâce à l'utilisation et l'occupation ultimes de **niches** vacantes de la Grande île. (D'après 112, 182.)

dans d'autres familles d'après leurs caractères morphologiques externes dont les Timaliidae (*Mystacornis crossleyi*), les Sylviidae (*Newtonia* spp.), les Oriolidae (*Tylas eduardi*) et les Monarchidae (*Pseudobias wardi*). Sans l'utilisation des outils moléculaires, un grand nombre de ces relations phylogénétique serait flou, et notre connaissance de l'**histoire évolutive** de ces oiseaux serait ainsi très limitée. En outre, cette recherche souligne que les études morphologiques classiques des **spécimens muséologiques** ne permettent pas, à un certain point, de distinguer correctement la différence entre les caractères **convergents** et ceux provenant d'un ancêtre commun. D'ailleurs, une récente analyse cladistique des caractères morphologiques a montré une **phylogénie** en conflit avec celle obtenue à partir des informations provenant de la génétique moléculaire (112).

L'espèce *Calicalicus rufocarpalis* de la zone calcaire, sur la vieille route reliant Toliara à Saint Augustin, a été nommée comme nouvelle pour la science en 1997 (72).

Distribution et habitat

Mesitornithidae – Tous les membres de cette famille sont **terrestres**. Ce sont nettement des espèces forestières discrètes et leur distribution n'est pas encore bien connue.

L'espèce *Mesitornis unicolor* semble être largement distribuée au sein des formations **sempervirentes**, *M. variegata* dans la forêt **caducifoliée** de l'Ouest central et dans certains sites de forêts sempervirentes, et *Monias benschi* se rencontre dans la forêt **épineuse**. Cette dernière a une distribution plus restreinte par rapport aux deux autres.

Couinae – Certains membres du genre *Coua* sont **terrestres**, d'autres sont **arboricoles**. Quelques espèces possèdent une large distribution au sein des différentes formations végétales, alors que d'autres ont tendance à avoir une répartition limitée et se trouvent dans un seul type de forêt (69). Un exemple du premier groupe est représenté par *C. caerulea*, qui vit dans toutes les formations **sempervirentes** et dans la forêt **caducifoliée** du Nord-ouest. *Coua gigas* est également une espèce largement distribuée dans les forêts caducifoliée et **épineuse** des parties Ouest et Sud de l'île, et étend sa distribution dans les formations sempervirentes de l'extrême Sud-est et sur la frange occidentale des Hautes Terres centrales (Figure 26). *Coua verreauxi* est par contre un bon exemple d'une espèce à distribution limitée ; elle se cantonne dans la forêt épineuse le long du Plateau Mahafaly, au Sud-ouest.

Quelques espèces présentent des variations géographiques quant à la coloration du plumage, et chaque **population** est considérée comme une sous-espèce distincte. Le cas de *C. cristata* constitue le meilleur exemple de ces variations. Cette espèce est divisée en quatre sous-espèces : *C. c. cristata* se trouve, au Nord, dans la forêt caducifoliée près d'Ambanja, jusqu'à la région

Figure 26. *Coua gigas* est le plus grand des couas actuels. Cette espèce **terrestre** a une large répartition dans les parties Ouest, Sud et Sud-est de l'île. (Cliché par Lily-Arison Rene de Roland.)

d'Antsiranana, puis au Sud, dans les forêts sempervirentes le long de la forêt de basse altitude orientale à proximité de Farafangana ; *C. c. dumonti* se rencontre dans la forêt caducifoliée au Sud de la rivière Sofia jusqu'au Sud de la rivière Tsiribihina ; *C. c. pyropyga* vit dans les forêts caducifoliées au Sud de la rivière Mangoky, dans la forêt épineuse à l'extrême Sud de l'île et aux pieds du versant occidental des montagnes Anosyennes ; et *C. c. maxima* est connue par un **spécimen** de la **forêt littorale** de Tolagnaro, qui est aujourd'hui éteinte.

Brachypteraciidae – Parmi les cinq espèces de brachyptérolles (Figure 5), quatre ont une large distribution au sein des forêts **sempervirentes** intactes. Elles sont particulièrement discrètes, et sont généralement **diurnes** mais souvent actives à l'aube, et leur présence est souvent révélée par leurs chants matinaux répétitifs « whoop ». *Brachypteracias leptosomus* fréquente les forêts sempervirentes intactes et les **sous-bois** assez sombres et humides dont le tapis est formé par une végétation herbacée discontinue avec une épaisse litière ; *Geobiastes squamiger* se rencontre surtout dans le même type de forêt mais avec un sous-bois assez fourni et moins humide, un tapis herbacé peu important et une importante litière de feuilles mortes ; l'espèce *Atelornis crossleyi* est répandue dans les forêts sempervirentes montagnardes ; l'espèce *A. pittoides* peut également être trouvée dans les forêts **dégradées** et les blocs forestiers **fragmentés**, et elle est nettement moins sensible aux **perturbations** de l'**habitat** que les trois précédentes. Certains sites affichent une abondance remarquablement élevée en cette dernière espèce, comme celle relevée dans la forêt de moyenne altitude entre Andringitra et Ranomafana (143).

Toutes les espèces sont en grande partie **terrestres**, même si elles peuvent être observées en train de chanter sur des perchoirs situés à quelques mètres du sol, ou voire même dans certains cas, notamment avec *B. leptosomus*, en train de chercher de la nourriture dans la **canopée** (Figure 27). *Uratelornis chimaera* ne se rencontre que dans la forêt **épineuse** de Mikea, au Nord de Toliara, où l'espèce est également terrestre et peut être vue courir entre les touffes de végétation. Elle peut être active pendant la nuit (**nocturne**). Même si tous les membres sont largement terrestres, les brachyptérolles sont capables de voler avec des battements d'ailes vigoureux pour échapper aux **prédateurs** et rejoindre leur nid.

Leptosomidae – *Leptosomus discolor* de Madagascar fréquente généralement les zones forestières où l'espèce est largement répartie dans toutes les formations **sempervirente**, **caducifoliée** et **épineuse** de l'île. Elle peut être également trouvée dans les environnements fortement **dégradés**, adjacents aux forêts intactes. Cette espèce a été observée dans de vastes zones non boisées, en dehors de la saison de reproduction, telle que la périphérie d'Antananarivo. Ces observations sont probablement liées à la **dispersion** de ces oiseaux.

Leptosomus discolor est un voilier magistral, ses acrobaties aériennes

Figure 27. La majorité des membres de la famille des Brachypteraciidae sont **terrestres**. La principale exception est l'espèce *Brachypteracias leptosomus*, qui, comme indiqué ici, peut être trouvée à des distances considérables du sol à la recherche de proies. (Cliché par Lily-Arison Rene de Roland.)

associées à des appels perçants, sont immédiatement perceptibles aux personnes visitant la forêt, ou de passage le long de la lisière où ses vols ondulants et ses descentes en piqué sont visibles (Figure 28). L'oiseau peut rester remarquablement immobile lorsqu'il se perche très haut sur les fines branches d'arbre, souvent au repos ou à la recherche de proies.

Philepittinae – Parmi les quatre membres de cette sous-famille, trois sont trouvés dans les formations **sempervirentes**. Il s'agit surtout de l'espèce *Philepitta castanea*, qui possède une large distribution et peut être commune dans certains sites ; et des deux membres du genre *Neodrepanis*, dont *N. coruscans* qui est un oiseau à large répartition, mais apparemment moins fréquent que *P. castanea* ; *N. hypoxantha* se rencontre à des altitudes plus élevées et peut être abondante dans certains sites. Le quatrième membre de la sous-famille, *P. schlegeli*, vit dans les forêts **caducifoliées**. Selon les informations disponibles, sa densité semble être relativement faible, bien qu'elle ne soit pas rare dans des localités telles que la forêt de Beanka, à l'Est de Maintirano. Seule l'espèce *P. castanea* peut vivre dans les forêts **perturbées**, les autres se cantonnent principalement dans les formations relativement intactes.

Bernieridae – La répartition spatiale des tretrekes malgaches dans les divers types d'**habitats** ou de **microhabitats** témoigne de leur **diversification** suivant les conditions **écologiques** variées du milieu. Les différents membres de la famille sont souvent observés en train de se déplacer et de chercher leur nourriture au niveau du **sous-bois**, mais quelques-uns, tels que *Cryptosylvicola randrianasoloi* et *Randia pseudozosterops*, peuvent également se percher très haut, à chanter dans les arbres, souvent dans des endroits exposés (Figure 20). La majorité de ces espèces, à quelques exceptions près, possède une large distribution. L'espèce *Xanthomixis apperti* est connue dans quelques localités situées au niveau des forêts de transition **sempervirente-caducifoliée** (Analavelona, Parc National de Zombitse-Vohibasia) (100) et dans les forêts caducifoliées de Mikea à l'extrême Sud-ouest

Figure 28. *Leptosomus discolor* est un voilier magistral et ses acrobaties aériennes associées à des appels perçants sont immédiatement perceptibles. (Cliché par Ken Behrens.)

(101) ; *Thamnornis chloropetoides* se rencontre dans la forêt **épineuse** du Sud-ouest et *X. tenebrosus* au sein de sites éparpillés dans les formations sempervirentes. De plus, chacune de ces espèces se trouve dans une formation forestière particulière, et rares sont les cas où elles sont croisées au niveau de différentes formations. Une des exceptions est l'espèce *Bernieria madagascariensis*, qui peut être trouvée dans les forêts sempervirente et caducifoliée.

Au sein de la forêt humide, certaines espèces sont largement réparties tout le long des massifs forestiers, comme, par exemple, *B. madagascariensis*, *X. zosterops* et *Oxylabes madagascariensis*. D'autres sont trouvées dans une bande altitudinale donnée : *X. tenebrosus* se cantonne dans les forêts de basse altitude, généralement en dessous de 800 m d'altitude, *X. cinereiceps* et *Crossleyia xanthophrys* fréquentent surtout les forêts de montagne, au-dessus de 1400 m.

Vangidae – Parmi les 21 espèces de cette famille, une seule est trouvée à la fois sur la Grande Ile et aux Comores (*Cyanolanius madagascarinus*) (Figure 29). Les vangas peuvent être trouvés dans toutes les différentes formations forestières naturelles

Figure 29. Au sein des 21 espèces de la famille des Vangidae, toutes sont strictement **endémiques** de Madagascar, à l'exception de *Cyanolanius madagascarinus*, illustrée ici, qui existe également sur l'archipel des Comores, spécifiquement à la Grande Comore. (Cliché par Lily-Arison Rene de Roland.)

de Madagascar, incluant les forêts **sempervirente**, **caducifoliée** et **épineuse**. Nombreuses espèces peuvent être **sympatriques** au niveau d'un même site. La **diversité** spécifique se concentre principalement dans la forêt humide, avec un nombre de 16 espèces sur les 21. Dans la forêt sempervirente, 13 espèces sont connues, par exemple dans le Parc National d'Andringitra (63), contre neuf espèces dans la forêt caducifoliée de Kirindy CNFEREF (Centre National de Formation, d'Etudes et de Recherche en Environnement et Foresterie) et du Parc National d'Ankarafantsika (142, 159).

Alors que la plupart des vangas sont des espèces typiquement **dépendantes** de la forêt, quelques taxons peuvent être trouvés dans des habitats fortement **dégradés**. *Vanga curvirostris* et *Leptopterus chabert* peuvent se rencontrer dans les plantations d'arbres **introduits** et les zones boisées ouvertes dans les environs des villages.

Contrairement aux autres groupes d'oiseaux **endémiques** abordés dans cet ouvrage, nombreuses espèces de vangas ne se cantonnent pas dans un seul type de forêt et ont une large distribution au sein des forêts sempervirente de l'Est, caducifoliée de l'Ouest et épineuse du Sud. Par exemple, les espèces *Newtonia brunneicauda*, *L. chabert*, *Artamella viridis* ou *V. curvirostris* peuvent être rencontrées à la fois dans les trois types de forêt. Cependant, quelques espèces sont limitées à un type de forêt spécifique et dans certains cas, dans des aires géographiques restreintes. *Xenopirostris damii* n'apparaît que dans quelques localités de la forêt caducifoliée où *Calicalicus rufocarpalis* n'a pas été recensée en dehors de la forêt épineuse, le long du Plateau Mahafaly. *Euryceros prevostii* se rencontre souvent dans la moitié septentrionale de l'île tandis que *N. fanovanae* se trouve plutôt dans le Sud-est de l'île.

Régimes alimentaires

Mesitornithidae – Peu de détails sont disponibles sur le **régime alimentaire** des mésites. En général, *Monias benschi* creuse dans le sable pour trouver les **invertébrés** du sol et les deux espèces de *Mesitornis* ont tendance à fouiller la litière et retourner les feuilles à la recherche de proies. Le contenu de l'estomac de *M. unicolor* d'une forêt au Nord de Tolagnaro inclut des restes de blattes (Blattodea), des coléoptères (Curculionidae, Scarabaeidae), des mouches (Diptera), des fourmis (Formicidae) et des mollusques (62). En outre, cette espèce est connue pour manger des graines.

Des études sur le régime alimentaire de *M. variegata* dans quelques localités des forêts sèches occidentales ont montré que l'espèce consomme, par ordre d'importance, des criquets (Orthoptera), des coléoptères, des blattes, des chenilles et des papillons (Lepidoptera), des larves ou des mille-pattes (Diplopoda), des araignées (Araneae), des mantes (Mantodea) et des mouches (83). Des graines ont été également signalées dans la nourriture de *M. variegata* (98). Dans le cas de *Monias benschi*, l'espèce consomme des termites (Isoptera), de petits coléoptères, des mille-pattes, des blattes, des larves d'invertébrés, et du moins occasionnellement, de petits fruits et graines (8, 98, 165).

Couinae – En général, la plupart des espèces de *Coua* sont **insectivores**, bien que les types d'aliments consommés diffèrent considérablement selon les espèces, les régions et les saisons. Certaines espèces sont également connues pour se nourrir de **vertébrés** (*C. caerulea*, *C. coquereli*, *C. cristata* et *C. gigas*), de mollusques (*C. cristata*), d'œufs (*C. cristata* et *C. gigas*), et certaines mangent régulièrement des plantes, en particulier des fruits (*C. caerulea*, *C. coquereli*, *C. cristata*, *C. cursor*, *C. reynaudii*, *C. ruficeps*, *C. serriana* et *C. verreauxi*). *Coua caerulea* semble montrer une préférence pour les reptiles, particulièrement les caméléons (99), et l'absence de ces oiseaux ou des autres membres du genre sur Nosy Mangabe a été avancée pour expliquer l'abondance des geckos du genre *Uroplatus* sur cette île (120).

Des études sur le terrain ont montré que le **régime alimentaire** de certaines espèces varie en fonction de la saison. Par exemple, chez *C. ruficeps* d'Ampijoroa, 98,3% des proies capturées pendant la saison humide sont des **arthropodes** (essentiellement des larves de papillons et des orthoptères), par contre, durant la saison sèche, les **invertébrés** sont moins importants mais l'espèce se nourrit d'une grande proportion de matières végétales telles que des graines, de la résine et des fleurs (27). Certaines espèces semblent être **généralistes** quant aux aliments consommés. Par exemple, dans les contenus stomacaux de deux individus de *C. serriana,* ont été identifiés : des araignées (Araneae), des blattes (Blattodea), des coléoptères (Scarabeidae, Curculionidae, Tenebrionidae), des fourmis (Formicidae), des mantes (Mantodea), des criquets (Gryllacridae, Gryllidae) et des restes de vertébrés de petite taille (62).

L'ingestion de fruits n'est pas nécessairement accidentelle. Par exemple, l'espèce *C. reynaudii* a été observée dans la **forêt littorale** se nourrir activement de fruits de *Macaranga*. *Coua caerulea* et *C. cristata* sont connues pour manger de la gomme exsudée et des boutons de fleurs d'arbres (25, 71). L'estomac et les intestins inférieurs de l'espèce *C. caerulea*, capturée dans une forêt **sempervirente** à proximité de Tolagnaro, contenaient un liquide visqueux et collant qui n'était pas soluble dans l'eau (71). Les gommes sont une source d'énergie importante composée principalement d'eau, d'un complexe des polysaccharides, de calcium et d'oligo-éléments.

Brachypteraciidae – Peu de détails quantitatifs sur le **régime alimentaire** des brachyptérolles sont disponibles, étant donné leur discrétion qui rend l'observation difficile. En général, ces animaux cherchent leurs proies à la surface du sol et se nourrissent abondamment d'une grande variété d'**invertébrés** du sol et de la litière. Parmi les espèces de la forêt **sempervirente**, les types de proies suivants ont été identifiés : des mille-pattes (Diplopoda), des escargots et des limaces (Gastropoda), des coléoptères (Coleoptera, Carabidae, y compris, les Curculionidae et Tenebrionidae), des mouches (Diptera), des fourmis (Formicidae), et même certaines matières végétales (62, 98). Les brachyptérolles sont également connues pour manger de petits **vertébrés** tels que les grenouilles, les reptiles et les mammifères. *Uratelornis chimaera* consomme des coléoptères, des blattes (Blattidae) et des sauterelles (Tettigoniidae) (8).

Leptosomidae – Les données disponibles sur l'alimentation de *Leptosomus* indiquent que le genre est en grande partie **insectivore** et **carnivore**, se nourrissant de coléoptères (Coleoptera), de mantes (Mantodea), de sauterelles et de cigales (Orthoptera), de différentes larves d'**invertébrés**, de caméléons et de geckos comme les *Uroplatus* (9, 12, 151). L'estomac de cet oiseau a été souvent observé comme tapissé d'une « fourrure de chenilles velues » (151).

Philepittinae – Les membres de cette sous-famille sont divisés en deux suivant leur **régime alimentaire** : les **frugivores** composés des deux espèces de *Philepitta* et les **nectarivores** formés des deux *Neodrepanis*. Les membres du genre *Philepitta* vivent dans le **sous-bois** de la forêt et possèdent un bec particulièrement large qui correspond sans doute à une **adaptation** à la consommation de fruits. Toutefois, les deux représentants de ce genre possèdent également une brosse de poils fins, caractéristique des oiseaux nectarivores (135). Ces animaux se sont ainsi adaptés pour consommer à la fois des fruits, du nectar et du pollen suivant la disponibilité de ces produits et la saison. Pratiquement aucune information n'est disponible sur le régime alimentaire de *P. schlegeli*.

Un certain nombre d'études sur l'alimentation de *P. castanea* a été mené dans le Parc National de Ranomafana, où l'espèce se nourrit généralement des fruits orange et rouges des petits arbres de la famille des Rubiaceae et des Myrsinaceae qui poussent dans le sous-bois (147, 148, 153, 154). Des expériences réalisées sur les graines consommées par cette espèce indiquent que celles qui passent dans le système digestif puis déféquées, ont un taux de **germination** élevé par rapport à celles qui tombent simplement au sol (146, 154). *Philepitta castanea* joue ainsi un rôle mesurable dans la **régénération** de la végétation du sous-bois (voir p. 85). En outre, de par la structure de sa langue, cette espèce se nourrit également, à l'occasion, de nectar de fleurs, ainsi que d'**arthropodes**.

Quelques détails concernant les plantes sur lesquelles les *Neodrepanis* spp. cherchent leur nourriture sont disponibles. Ces oiseaux sont principalement des **spécialistes** du nectar grâce au long bec recourbé et à la longue langue terminée par un pinceau (Figure 4e). Contrairement aux deux espèces de *Philepitta*, qui se rencontrent souvent dans le sous-bois, les deux *Neodrepanis* ont tendance à exploiter les strates supérieures de la forêt et visitent souvent les fleurs dans les voûtes des arbres, elles sont par conséquent nettement plus difficiles à observer.

Certaines plantes ont un lien privilégié avec leurs **pollinisateurs**, développant une attirance réciproque pour favoriser leur **fécondation**. Le cas du genre *Bakerella* (Loranthaceae) et de *Neodrepanis* illustrent bien cette relation. Ce genre de plante est composé des espèces **parasites** vivant aux dépens d'arbres ligneux dont la majorité se rencontre dans la forêt **sempervirente** de l'Est. Ces oiseaux butinent sur les fleurs très colorées en forme de clochette de *Bakerella* et la ressemblance entre la forme du bec et celle de l'éperon de la fleur démontre une **coévolution** remarquable entre la plante et l'animal (Figure 30).

Les espèces de *Neodrepanis* sont également connues pour se nourrir auprès des fleurs de balsamines (*Impatiens humblotiana*, Balsaminaceae), qui ont une forme similaire. En outre, elles consomment aussi des **arthropodes** tels que les araignées (Araneae). Certains individus de *Neodrepanis* capturés dans les filets lors des inventaires fauniques portaient du pollen sur le front et dans les trous nasaux et jouent ainsi probablement un rôle dans la pollinisation et la fécondation des fleurs.

Le régime alimentaire originel de ces deux genres était, semble-t-il, la frugivorie, à partir de laquelle a dérivé la nectarivorie observée chez le genre *Neodrepanis*. Cette dernière a probablement évolué par la suite vers une spécialisation pour le nectar et la perte de la frugivorie grâce à une alimentation variée, plutôt que

Figure 30. Les fleurs de la plante parasite du genre *Bakerella* (Loranthaceae) sont largement visitées par les oiseaux **nectivores**, y compris les membres du genre *Neodrepanis*. La forme du bec de ces oiseaux reflète celle de la fleur et cela est présumé être un cas de **coévolution**. (Cliché par Voahangy Soarimalala.)

l'adoption d'une nouvelle source de nourriture (133).

Bernieridae – Pour des espèces de petits oiseaux qui vivent dans le **sous-bois** souvent sombre de la forêt, peu de détails sont connus sur leur alimentation. Toutes sont largement ou exclusivement **insectivores**, se nourrissant principalement d'**invertébrés** capturés en plein vol ou glanés sur la végétation avec leur bec. Ces oiseaux font souvent partie des membres de groupes **plurispécifiques** (voir p. 110). Chez certaines espèces, surtout chez *Bernieria madagascariensis*, la forme et la longueur du bec des mâles sont sensiblement différentes de celles des femelles (**dimorphisme sexuel**) (Figure 31). Au sein de cette espèce, pour laquelle des informations sur les contenus stomacaux sont disponibles, différents types d'invertébrés ont été identifiés : des araignées (Araneae), des coléoptères (Coleoptera) des familles des Chrysomelidae, des Cleridae, des Curculionidae, des Elateridae et des Tenebrionidae, des cigales et cicadelles (Homoptera) de la famille des Cicadidae et des Cicadellidae, des blattes (Blattodea), des fourmis (Hymenoptera) de la famille des Formicidae, et des Orthoptera non identifiés. D'autres débris trouvés dans ces estomacs incluent des graines de

Figure 31. *Bernieria madagascariensis* montre un **dimorphisme sexuel,** avec un bec plus long chez les mâles (à gauche) par rapport à celui des femelles (à droite). (Clichés par Nick Block.)

plantes et des restes de **vertébrés**, tels que les geckos (62).

Au sein d'un même type d'**habitat**, durant la recherche de nourriture, les membres de la famille des Bernieridae exploitent différemment les parties. Même si certaines espèces ont une taille et un **régime alimentaire** assez similaires, les divers **microhabitats** offerts par l'**écosystème** forestier réduisent la **compétition** entre les espèces (**interspécifique)** et leur permet de cohabiter. *Bernieria madagascariensis* s'est spécialisée pour les amas denses de feuilles et pour les insectes dissimulés dans les trous peu profonds ; *Xanthomixis zosterops* se perche sur des branches fines ou dans les buissons du **sous-bois** et attrape les insectes sur les feuilles qui le surplombent ; *X. tenebrosus* et *X. apperti* sont principalement **terrestres** alors que *X. cinereiceps* s'accroche sur les mousses qui recouvrent les branches avec ses longs ongles pour y rechercher des invertébrés (Figure 32).

Vangidae – Les vangas occupent toutes les principales **niches écologiques** disponibles de l'**écosystème** forestier tout au long de leur zone de répartition car l'absence de certaines familles à Madagascar telles que les pics (famille des Picidae), les sittelles (famille des Sittidae), les mésanges (famille des Paridae) et les

Figure 32. La méthode utilisée par *Xanthomixis cinereiceps* pour trouver sa nourriture est de s'accrocher avec ses longs ongles sur les mousses qui recouvrent les branches pour rechercher des **invertébrés**. (Cliché par Ken Behrens.)

pies-grièches (famille des Laniidae) semble avoir laissé les diverses niches vacantes et disponibles (182). La **diversification** des espèces de cette famille se manifeste extérieurement, entre autres, au niveau du **régime alimentaire**, par la forme du bec, par la coloration, par les chants et par la **morphologie**.

Les traits distinctifs exceptionnels des vangas sont particulièrement liés aux fonctions **trophiques**. Les becs présentent une large gamme de formes depuis les plus petits jusqu'aux formes les plus étranges que certaines espèces arborent et qui traduisent une spécificité quant à leur mode d'alimentation et leur régime alimentaire.

Comme décrit dans Partie 1 (voir p. 36), la forme des becs et la façon dont ils fonctionnent chez les différentes espèces de vangas constituent un moyen pour ces espèces vivant dans la même forêt (**sympatrique**), de diviser entre elles les différents types d'aliments disponibles et donc pour réduire la **compétition**. Les espèces ayant des régimes similaires possèdent également d'autres moyens pour réduire davantage les interactions concurrentielles. Certaines par exemple fouillent sur ou près du sol ou plus haut dans la **canopée**, à la recherche de **proies** ; d'autres chassent sur les petites branches ou sur les troncs d'arbres (182). Les vangas peuvent être divisés en plusieurs groupes selon le type de leur bec (voir p. 37) :

- La plupart des espèces avec leur bec fin, assez court et pointu, tels que *Calicalicus madagascariensis*, *C. rufocarpalis*, *Cyanolanius madagascarinus*, *Leptopterus chabert*, *Pseudobias wardi* et les membres du genre *Newtonia* (Figure 33a) inspectent le feuillage, les branches et les troncs dans leur quête de nourriture ;
- *Mystacornis crossleyi* avec son bec fin, long et pointu explore le sol pour chercher sa nourriture parmi la litière de feuilles mortes, de feuilles et de mousses (Figure 33b) ;
- *Falculea palliata* grimpe souvent le long des gros troncs d'arbres, sautille de branche en branche à la recherche des insectes et des larves que l'oiseau va prélever avec son long bec falciforme dans les fissures profondes et les trous, dans les parties pourries du bois et les écorces décollées (Figure 33c) ;
- *Hypositta corallirostris* et *Randia pseudozosterops* qui possèdent un petit bec pointu et triangulaire, grimpent le long des écorces des troncs et des branches d'arbre, les contournent en montant en spirale, entrent dans tous les trous et les explorent pour y chercher leurs proies (Figure 33d) ;
- Les membres du genre *Xenopirostris* avec un bec fort et épais, cherchent leur nourriture sur les branches ou les troncs morts en les creusant pour déloger les proies éventuelles, ou dans les amas de détritus d'**épiphytes** et de fougères arborescentes (Figure 33e) ;

- *Oriolia bernieri* prospecte les débris végétaux accumulés à la base des feuilles de *Pandanus*, de *Ravenala* et des palmiers en sautillant sur les troncs pour trouver ses proies ;
- *Vanga curvirostris* peut localiser ses proies en scrutant les alentours depuis son perchoir et avec son bec fort et pointu peut déchiqueter des insectes de grande taille et souvent des petits **vertébrés** (Figure 33f) ;
- *Tylas eduardi* et *Artamella viridis* cherchent leurs proies dans les petits trous ou fissures peu profondes, défont les amas de détritus et les cocons pour chasser surtout les chenilles ;
- *Euryceros prevostii* est plutôt un chasseur passif et capture ses proies surtout sur les branches et les troncs mais le rôle de son énorme bec busqué d'un bleu brillant est encore peu connu (Figure 7).

Etant donné que plusieurs vangas vivent dans la forêt sèche **caducifoliée**, le suivi et l'observation de leur alimentation sont relativement faciles. Un certain nombre de données quantitatives obtenues à partir des observations directes et de l'analyse des contenus stomacaux de plusieurs espèces est disponible. Les Vangidae consomment une large gamme de types d'aliments dominés par les **invertébrés**, mais des vertébrés de petite taille et des fruits (**frugivores**) sont également avalés. Les observations dans le nid de *Xenopirostris polleni*, par exemple, indiquent que cette espèce se nourrit abondamment de grillons (Orthoptera), ainsi que de larves et de chrysalides de papillons (Lepidoptera) (139).

De récents travaux menés par « Peregrine Fund » sur la Péninsule de Masoala ont fourni des informations sur le régime alimentaire de deux espèces peu connues appartenant à cette famille. L'alimentation d'*Oriolia bernieri* contiennent 91% d'invertébrés, 9% de vertébrés et le reste est non identifié (171). Les araignées (Araneae) et les grillons sont les invertébrés les plus couramment consommés, *Phelsuma* et leurs œufs également. Dans le cas d'*Euryceros prevostii*, les proies ramenées au nid sont composées de 88% d'invertébrés, 9% de vertébrés, 3% de vers de terre (Annelida) et 1% de mille-pattes (Diplopoda) (96). Les observations faites dans la forêt de Masoala ont révélé que plusieurs proies sont chassées par *E. prevostii* : des geckos tels que *Phelsuma* spp. et *Uroplatus* spp. (Reptilia), des mille-pattes (Diplopoda), des criquets (Orthoptera), des crabes (Decapoda), des blattes (*Blattidae*), des phasmes (Phasmitodae), des coléoptères (Coleoptera), des guêpes (Hymenoptera), des araignées, des larves et des adultes de papillons, des cigales (Homoptera), des mollusques et d'autres proies non identifiées (77).

D'après les restes de contenus stomacaux identifiés sur différentes espèces de vangas, *Calicalicus madagascariensis* se nourrit d'araignées, de coléoptères, de grillons, de papillons (y compris les larves) et de sauterelles ; *Falculea palliata* mange des araignées, des blattes, des coléoptères, des fourmis (Formicidae), des grillons, des papillons (y compris larves), des

Figure 33. Les membres de la famille des Vangidae possèdent différentes formes de becs particulièrement remarquables, qui se traduisent par différents types de mécanisme (outils) dans la recherche de la nourriture de manières variées et afin de pouvoir vivre dans la même forêt. **A**) bec fin, assez court et pointu, exemple *Newtonia archboldi* (Cliché par Ken Behrens.) ; **B**) bec fin, long et pointu, exemple *Mystacornis crossleyi* (Cliché par Marie Jeanne Raherilalao.) ; **C**) bec long et falciforme, exemple *Falculea palliata* (Cliché par Nick Athanas.) ; **D**) petit bec pointu et triangulaire, exemple *Hypositta corallirostris* (Cliché par Ken Behrens.) ; **E**) bec fort et épais, exemple *Xenopirostris polleni* (Cliché par Lily-Arison Rene de Roland.) ; et **F**) bec fort et pointu, exemple *Vanga curvirostris* (Cliché par Nick Athanas.)

phanéroptères (Tettigoniidae) et des sauterelles (Orthoptera) ; *Leptopterus chabert* consomme différents invertébrés, ainsi que des fruits et graines ; et *Vanga curvirostris* mange des araignées, des blattes, des mille-pattes (Geophilomorpha), des cigales (Cicadidae), des coléoptères, des fourmis, des homoptères (Homoptera), des mantoptères (Mantodea), des sauterelles et des scolopendres (Scolopendromorpha), et avec une certaine fréquence de geckos, de petits oiseaux et d'autres vertébrés non identifiés (62).

Conservation

Mesitornithidae – Toutes les mésites ont le statut de conservation « Vulnérable » (89 ; Tableau 2). Cependant, peu d'informations sont disponibles. Une pression considérable existe sur les **populations** restantes, due à la réduction de la surface des forêts **sempervirente** (*Mesitornis unicolor* et *M. variegata*), **caducifoliée** (*M. variegata*) et **épineuse** (*Monias benschi*), ainsi qu'aux chasses occasionnelles (**viande de brousse**) et à la **prédation** par les **prédateurs autochtones** et **introduits**. En utilisant les différentes informations provenant de la forêt de Mikea, comprenant la taille du **territoire** et les résultats des expériences de « play-back », la population restante de *M. benschi* est estimée entre 98 000 et 152 000 individus (172) (Figure 34). La population restante de *Mesitornis variegata* est évaluée entre 3 000 et 19 000 individus dans la région du Menabe et entre 6 000 et 26 000 individus à Ankarafantsika, il y a une vingtaine d'années auparavant (82). Depuis ces évaluations, la destruction de l'**habitat** ne s'est pas arrêtée et d'autres pressions humaines ne cessent d'augmenter (80). Aucune estimation à partir des données fiables de la taille de population actuelle de *M. unicolor* n'est disponible.

Couinae – Tous les membres de *Coua* sont la **proie** d'un grand nombre de **prédateurs** naturels, qui comprennent différents **Carnivora** (**autochtones** et **introduits**), **rapaces** et serpents (7, 35, 73). Parmi les prédateurs des œufs et oisillons de *C. coquereli* figurent les serpents et les autres reptiles (87). En outre, compte tenu de leur taille souvent grande et la facilité avec laquelle ils peuvent être capturés, les couas sont fréquemment considérés comme **gibiers** ou **viande de brousse** par les populations riveraines ou passant dans des zones forestières. Toutes les espèces actuelles sont soumises à des pressions à différents degrés, et les plus grandes espèces sont les plus chassées (12, 26, 53, 54, 67, 71, 75, 170).

Parmi les espèces de *Coua* vivantes, seul *C. verreauxi* a un statut de conservation « Quasi-menacée » et les autres sont classées comme « Préoccupation mineure » (89 ; Tableau 2). En général, les différentes espèces semblent être sensibles à la **dégradation** de la forêt, en particulier celle de leur **habitat** naturel. Elles ont été proposées comme un excellent groupe à utiliser en tant que **bio-indicateurs** pour le suivi de l'état de l'environnement (69). Cependant, quelques exceptions tels que *C. coquereli*, *C. cristata*, *C. cursor*, *C.*

Figure 34. *Monias benschi* est un membre de la famille des Mesitornithidae avec une distribution très limitée dans le Sud-ouest et un statut de conservation « Vulnérable ». Des estimations récentes indiquent entre 100 000 et 150 000 individus restants. (Cliché par Lily-Arison Rene de Roland.)

reynaudii, *C. serriana* et *C. ruficeps*, peuvent être trouvées dans des **forêts secondaires** qui sont, dans certains cas, à proximité ou contigües à des zones forestières relativement intactes (5, 74, 85, 150).

Coua ruficeps affiche une tolérance à une importante dégradation des forêts naturelles. En effet, dans certaines régions de l'Ouest, l'espèce est souvent le seul coua **terrestre** qui a résisté à un changement **anthropogénique** important (26, 83 ; Figure 35). *Coua caerulea* semble montrer des modèles mixtes de **résilience** à la dégradation de l'habitat ; l'espèce est absente ou présente mais a de faibles densités dans les forêts où la structure de la végétation est dégradée, elle peut également être trouvée dans des blocs forestiers fragmentés mais relativement intacts (141, 176).

Le cas de *Coua cristata maxima* de la région de Tolagnaro constitue un exemple concret de la vitesse à laquelle certaines **populations** de coua peuvent disparaître. En février 1948, Philippe Milon (118, 119) a trouvé plusieurs individus de *C. c. maxima* dans les environs de Tolagnaro et a capturé un individu désigné comme l'**holotype** de la sous-espèce. Un grand coua, potentiellement de cette forme, a été vue au Lac Lanirano, juste au Nord de Tolagnaro en août 1988, mais un an après, en 1989, la population avait disparu de cette localité (71). Les forêts à proximité immédiate de Tolagnaro et plus au Nord, aux environs de Manafiafy ont été intensivement explorées par de

Figure 35. En général, les membres de la sous-famille des Couinae sont sensibles aux modifications des habitats naturels induites par les hommes et ont été proposés comme un excellent groupe à utiliser comme **bio-indicateurs** pour le suivi de l'état de l'environnement. Une des exceptions est l'espèce illustrée ici, *Coua ruficeps*, qui tolère une **dégradation** importante des forêts naturelles dans certaines régions de l'Ouest. L'espèce est souvent le seul coua **terrestre** qui persiste suite à un changement **anthropogénique** important. (Cliché par Ken Behrens.)

nombreux **ornithologues** (71, 176), mais ce coua très distinctif n'existe apparemment plus. Etant donné que l'habitat forestier qui semble être approprié à cette sous-espèce existe encore dans cette région, nous présumons que sa disparition locale est associée à la chasse.

Brachypteraciidae – Toutes les quatre espèces de brachyptérolles qui vivent dans les formations **sempervirentes**, à l'exception d'*Atelornis pittoides*, semblent être principalement sensibles à la **dégradation** des habitats. *Brachypteracias leptosomus*, *A. crossleyi* et *Geobiastes squamiger* peuvent être uniquement trouvées dans les forêts largement intactes. Ces **taxons** représentent ainsi un excellent groupe qui pourrait être également utilisé comme **bio-indicateurs** pour le suivi de l'état de l'environnement. *Uratelornis chimaera*, qui vit surtout dans la forêt **épineuse** possède un **territoire** assez réduit, son **habitat** naturel a beaucoup souffert de la dégradation induite par l'homme. Trois espèces ont le statut de conservation « Vulnérable » (*B. leptosomus*, *G. squamiger* et *U. chimaera*), une espèce est considérée comme « Quasi-menacée » (*A. crossleyi*) et une autre classée dans « Préoccupation mineure » (*A. pittoides*) (89 ; Tableau 2).

Des restes de brachyptérolles se rencontrent le long des sentiers dans la forêt et suivant les **lisières** forestières, où ils sont chassés par les habitants riverains comme **viande de brousse**. Cette situation combinée à la **prédation** naturelle ne fait qu'accentuer les pressions qui pèsent sur les populations restantes de ces oiseaux. Parmi ces espèces *U. chimaera*, outre sa distribution déjà très restreinte, vit dans un habitat sensible où les conditions **écologiques** sont défavorables et une éventuelle disparition de la surface forestière sera quasiment irréversible (Figure 36).

Leptosomidae – Le statut de conservation de *Leptosomus discolor* est classé dans « Préoccupation mineure » (89 ; Tableau 2). L'espèce peut être trouvée dans des petits fragments forestiers, des forêts relativement exploitées et dans un habitat qui a été brûlé (85, 102, 132). Cependant, même si elle est apparemment tolérante vis-à-vis de la **dégradation** d'un **écosystème** forestier, l'espèce dépend au moins de zones relativement intactes pour différentes parties de son **cycle annuel**, en particulier pour la **nidification**. Ainsi, la conservation des forêts restantes est importante pour la survie à long terme de ces oiseaux. Plusieurs **prédateurs**, tels que les **Carnivora** et **rapaces** se nourrissent de *Leptosomus*. En outre, l'espèce fait l'objet d'un certain degré de chasse, à la fois en tant que **viande de brousse** et pour la préparation de potions magiques (50, 120).

Philepittinae – Comme tous les membres de cette famille sont dépendants de la forêt, la destruction continue des habitats forestiers restants de l'île met ainsi en péril

Figure 36. *Uratelornis chimaera*, un membre de la famille des Brachypteraciidae, a un statut de conservation « Vulnérable ». Cette espèce possède une distribution très restreinte et vit dans la forêt **épineuse** de l'extrême Sud-ouest, dans un habitat très sensible où les conditions **écologiques** sont défavorables. Une éventuelle disparition de la surface forestière sera quasiment irréversible. (Cliché par Nick Athanas.)

leur avenir. Comme mentionné ailleurs (voir p. 85), les philépittes, en particulier *Philepitta*, jouent un rôle important dans la **régénération** des plantes de **sous-bois** et constituent ainsi des éléments essentiels pour le fonctionnement de l'**écosystème** forestier. Deux espèces ont le statut de conservation « Préoccupation mineure » (*Neodrepanis coruscans* et *P. castanea*), une est classée « Vulnérable » (*N. hypoxantha*) et une autre « Quasi-menacée » (*P. schlegeli*) (Tableau 2).

Bernieridae – Comme mentionné précédemment, tous les membres de cette famille vivent dans les forêts et les pressions humaines sur les habitats restants ont clairement des impacts négatifs sur l'avenir de ces oiseaux. Les statuts de conservation des tretrekes (Tableau 2) comprennent deux espèces considérées comme « Vulnérables » (*Xanthomixis apperti* et *X. tenebrosus*), trois « Quasi-menacées » (*Crossleyia xanthophrys*, *Hartertula flavoviridis* et *X. cinereiceps*) et six dans « Préoccupation mineure » (*Bernieria madagascariensis*, *Cryptosylvicola randrianasoloi*, *Oxylabes madagascariensis*, *Randia pseudozosterops*, *Thamnornis chloropetoides* et *X. zosterops*).

Vangidae – La grande majorité des vangas sont **dépendantes** de la forêt et les pressions humaines quasiment ininterrompues sur les habitats forestiers restants ont des impacts négatifs prévisibles sur l'avenir de ces oiseaux. Les différents membres des Vangidae ont les statuts de conservation suivants (Tableau 2) : une espèce est classée « En danger » (*Xenopirostris damii*), quatre espèces « Vulnérables » (*Calicalicus rufocarpalis*, *Euryceros prevostii*, *Newtonia fanovanae* et *Oriolia bernieri*), une « Quasi-menacée » (*X. polleni*) et 15 « Préoccupation mineure » (*C. madagascariensis*, *Cyanolanius madagascarinus*, *Falculea palliata*, *Hypositta corallirostris*, *Leptopterus chabert*, *Artamella viridis*, *Mystacornis crossleyi*, *N. amphichroa*, *N. archboldi*, *N. brunneicauda*, *Pseudobias wardi*, *Schetba rufa*, *Tylas eduardi*, *Vanga curvirostris* et *X. xenopirostris*).

EVOLUTION

Depuis la séparation de Madagascar du **Gondwana**, au début du Crétacé il y a 150 millions d'année (voir p. 19), la majorité des oiseaux de Madagascar, particulièrement les espèces forestières, n'ont plus eu de contact avec celles des continents environnants, et ont ainsi évolué séparément. Particulièrement chez les espèces **sédentaires**, cela a conduit à l'installation d'une **avifaune** originale dont la majorité des taxa ne se trouve nulle part ailleurs. En effet, plus de 50% sont **endémiques** et certaines espèces sont endémiques au **niveau supérieur**. Cet endémisme est plus remarquable pour les espèces forestières car elles constituent plus de 90% pour ce groupe.

Les oiseaux endémiques de Madagascar sont issus d'espèces colonisatrices, dont la plupart provenaient de **lignées** africaines (e.g. 48, 105, 113). Les déplacements étaient apparemment possibles grâce à la proximité du continent africain (124) dont la distance depuis la côte de Madagascar est de 400 km. La **dispersion** des **ancêtres** africains était facilitée pendant les périodes allant du mi-Eocène jusqu'au début de la Miocène où le niveau de la mer était très bas, et exposant des montagnes qui sont aujourd'hui sous-marines, dans le canal de Mozambique, et qui semblaient avoir servi de ponts ou « stepping stones » ou tremplins (104, 115). Cependant, l'idée que l'île était en réalité exposée et a agi comme un tremplin a été critiquée par les spécialistes qui étudient la terre (**géologues**) (94, 95, 140). Des auteurs ont également avancé que certains groupes endémiques au niveau supérieur paraissent se diversifier à partir des lignées asiatiques, telles que les membres du genre *Coua* (169). Mais le moyen adopté par leurs ancêtres communs pour arriver jusqu'à Madagascar reste encore une énigme, surtout en ce qui concerne les espèces qui ne sont pas des bons voiliers comme ces couas.

Pour conquérir les différentes espaces disponibles, cette **évolution** s'est opérée à des vitesses variables, suivant la réponse de chaque groupe à la **sélection naturelle** de l'environnement. Ainsi, des groupes endémiques représentent des lignées anciennes comme certaines familles et sous-familles, telles que les Mesitornithidae, les Couinae et les Brachypteraciidae (88, 92, 109). Certains groupes ont eu une évolution rapide et se sont actuellement diversifiés en de nombreux genres et espèces endémiques, mais issus d'une seule **colonisation** suivie d'une **radiation adaptative** (29). L'observation du peuplement des oiseaux actuels, qui sont très remarquables tant sur le plan **morphologique** qu'**écologique**, reflète les différents processus de leur évolution.

Au-delà de la **spéciation** liée aux fonctions **trophiques**, la **diversification** semble être également liée au partage territorial de certaines espèces, leur permettant de s'adapter et de survivre aux conditions écologiques de divers types de forêt ou de strate. Chez les Vangidae de la forêt humide **sempervirente**, l'abondance de la **biomasse** et l'existence des **microhabitats** variés permettent la cohabitation de certaines espèces au sein d'un même type d'**habitat**. Mais une spécification de leur **niche écologique** semble s'être produite. *Cyanolanius madagascarinus*, *Artamella viridis*, *Calicalicus madagascariensis* et *Hypositta corallirostris* sont des espèces de **canopée** dont les activités se passent fréquemment dans la moitié supérieure de la strate verticale ; *Schetba rufa*, *Xenopirostris polleni* et *Tylas eduardi* exploitent souvent le **sous-bois** et *Mystacornis crossleyi* est **terrestre**.

Dans les forêts sèches, les feuilles sont souvent caduques voire très réduites dans les régions où la sècheresse est plus accusée, les **précipitations** ne tombent que pendant quelques mois et sont mal réparties au cours de l'année, l'aridité augmente progressivement en allant vers le Sud. Au sein de ce **biome**, *Xenopirostris damii* fréquente la forêt **caducifoliée** du Nord-ouest ; *Calicalicus rufocarpalis* et *X. xenopirostris* sont habituées de la forêt **épineuse** du Sud-ouest ; et *Newtonia archboldi* exploite particulièrement les zones du Sud-ouest, du Sud et du Sud-est.

Spéciation

La **spéciation** est le **processus évolutif** par lequel de nouvelles espèces vivantes apparaissent, ceci nécessite généralement des dizaines de milliers d'années pour se produire. Suites aux divers facteurs, tels la **sélection naturelle** et la dérive **génétique**, qui sont les deux moteurs de l'**évolution**, l'isolement géographique et la vitesse à laquelle se déroule le processus, le monde qui nous entoure est rempli d'une immense **diversité** d'animaux et de plantes. La succession de nombreux évènements climatiques et l'existence de **zones de refuge**, où certaines espèces ont pu subsister durant les périodes défavorables, ont ainsi joué un rôle majeur dans la **diversification** des espèces (107). Les oiseaux représentent un des extraordinaires exemples qui illustrent les différentes étapes du processus de la spéciation dont la multiplicité des formes et couleurs, ou les différents comportements exhibés en font la preuve. Cette différenciation des espèces correspond généralement aux exigences contrastées des différents **habitats** et des divers modes de vie possibles.

L'utilisation récente de la **génétique moléculaire** dans les études **systématiques** des oiseaux de Madagascar, est un moyen très important dans la distinction des animaux qui ont évolué indépendamment mais qui semblent avoir des **morphologies** similaires (**convergentes**) à ceux issus d'un même **ancêtre** (**monophylétique**) mais avec des caractères morphologiques différents (**divergents**). Suivant le processus, deux modes de spéciation peuvent être observés dans la nature, la spéciation **allopatrique** et la spéciation **sympatrique**. Pour ce dernier cas, aucune preuve concluante n'a été trouvée chez les oiseaux de Madagascar, aussi, nous nous concentrerons sur la spéciation allopatrique qui est d'ailleurs le mode le plus répandu chez ce groupe.

Le concept principal de cette spéciation allopatrique trouve son **origine** à partir de la présence des obstacles apparaissant le long de la distribution d'une espèce, et qui ont entravé les mouvements des individus et les échanges génétiques (**flux génétique**). Ces barrières peuvent être constituées par des aspects géographiques, telles les rivières et fleuves, le développement des montagnes, ou par d'autres facteurs géologiques. La séparation d'un milieu en deux zones, où une espèce donnée avait jadis une aire de répartition continue est un evènement **vicariant**. Un autre mode qui peut se produire est en relation avec la **dispersion** à travers une zone, probablement dans différents habitats, ou traversant des barrières, qui ont conduit à une vicariance. Dans ce cas, ces **populations** sont isolées physiquement et reproductivement.

A Madagascar, après l'isolement de la Grande île (Figure 9), les changements climatiques qui se sont passés au cours des **temps géologiques** ont eu lieu au cours de différentes périodes, à de nombreuses reprises, et ont eu des impacts majeurs sur le paysage. Ces différents événements sont étroitement associés à des périodes de **spéciation** remarquable chez les oiseaux de Madagascar. Par exemple, au cours du Pléistocène (Figure 10), la terre était devenue nettement plus fraîche et de vastes zones d'eau douce s'étaient transformées en d'impressionnants **glaciers**. Lors de ces périodes de **glaciation**, la végétation des montagnes, dont la zone de **végétation éricoïde** sommitale dominée par le genre *Erica*, était descendue plus bas et avait remplacé plusieurs formations de basse altitude, formant souvent des ponts de végétation continue entre les différents massifs. Les hauts massifs de Madagascar, en particulier l'Andringitra, avaient des formations glaciaires (175 ; Figure 37).

Ces mouvements ont permis une large dispersion des espèces qui étaient auparavant limitées à la partie supérieure de certains massifs. A la fin du Pléistocène ou au cours des périodes interglaciaires, le niveau des mers a augmenté suite à la fonte des grandes formations glaciaires et la terre devenait plus chaud et plus humide dans son ensemble. Ainsi, les anciennes formations montagnardes, à large distribution, qui existaient pendant différentes périodes du Pléistocène ont reculé vers les zones de hautes montagnes de l'île, tout comme les organismes associés à ces habitats, créant ainsi des populations isolées par vicariance sur les différents massifs. Ce modèle, qui s'est répété à plusieurs reprises, donnait lieu à différentes vagues d'isolement et de connexion (Figure 38).

Suivant les informations partielles disponibles, les temps géologiques récents montrent des évidences d'une vaste portion du Sud-ouest de Madagascar, jadis distinctement plus humide (19, 20, 52, 66). La présence aujourd'hui des espèces d'oiseaux de la forêt humide dans la région sèche, comme dans les canyons humides de l'Isalo, supporte la connexion de la partie Est à celle de l'Ouest. Mais les types de formations forestières ont considérablement changé suite à l'**aridification** et à la **dessiccation** de cette partie du Sud-ouest au cours d'Holocène (Figure 10). Des preuves de ces événements dramatiques ont pu être trouvées dans de nombreuses formations **subfossilifères**, telle qu'Ampoza (Figure 11), une zone aujourd'hui pauvre en eau douce et où la formation forestière est dominée par une forêt **caducifoliée**. De nombreux restes d'animaux ont été récupérés dans les dépôts d'Ampoza, y compris des espèces actuellement éteintes comme les hippopotames et les oies (*Alopochen sirabensis*) (voir p. 31).

Parmi les rares forêts isolées de la région Ouest qui résistaient à ces épreuves figure celle d'Analavelona, ceci grâce à ses particularités : la présence de sources d'eau dans la forêt, son altitude élevée par rapport

Figure 37. Photo de la zone sommitale du massif d'Andringitra dont le plus haut sommet est le Pic Boby (2 450 m). Les marques en flûte verticale sur la partie supérieure de la montagne sont des zones qui ont été creusées par les actions des **glaciers**, il y a 12 000 ans passés (175). (Cliché par Voahangy Soarimalala.)

à ses environs qui la met sous l'effet **orographique** quotidien et maintient la présence de ce vestige de forêt humide. Suite à ces changements climatiques, les espèces typiques des forêts humides orientales s'étaient scindées et affichent actuellement des distributions discontinues de part et d'autre de l'escarpement oriental et du Sud-ouest. La séparation de ces populations et les différenciations subséquentes de celles-ci avaient induit à une **spéciation** en des espèces totalement vicariantes. Par exemple, *Xanthomixis cinereiceps* et *X. apperti* appartenant à la famille des Bernieridae sont des espèces sœurs morphologiquement et génétiquement très proches (Figure 24) et apparaissent en **allopatrie** (42).

Le genre *Coua* constitue une bonne illustration. *Coua cristata* présente quatre sous-espèces (voir p. 60) qui se différencient par la coloration de leur plumage et dans certains cas, par leur taille (119), et peu de formes intermédiaires existent dans les zones de chevauchement de ces sous-espèces. Bien que les études **génétiques moléculaires** soient nécessaires pour comprendre le niveau de différenciation entre ces sous-espèces, le cas de *C. cristata* peut être traité comme un exemple de spéciation, où les formes géographiquement

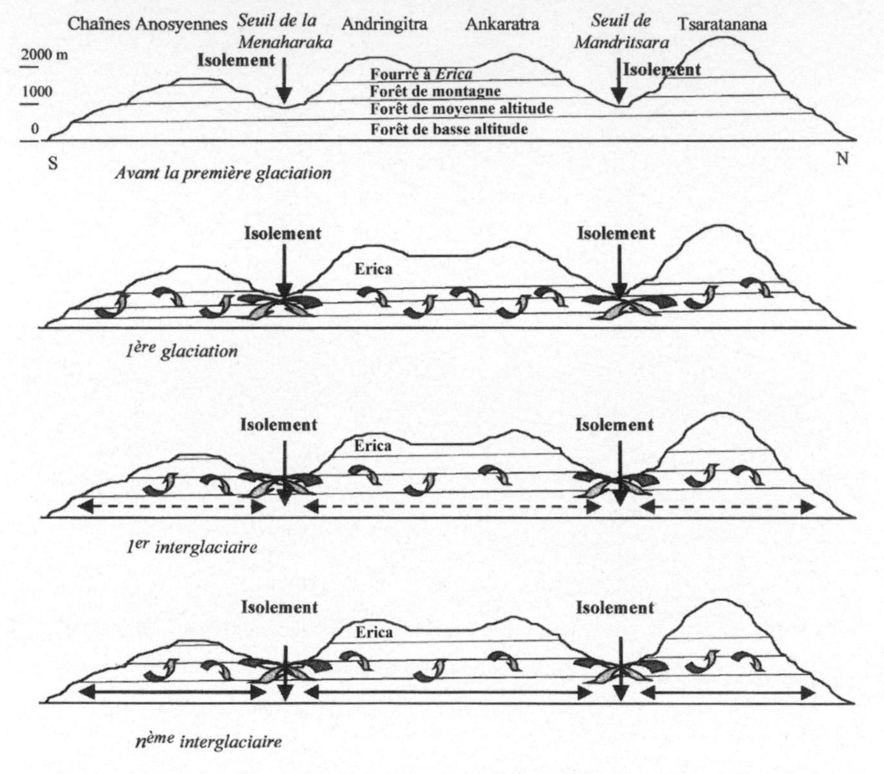

Figure 38. Schéma des différents cycles de mouvements des ceintures végétales de Madagascar associés au changement des conditions climatiques au cours du Pléistocène. Ce diagramme montre une coupe Nord-Sud de la région de la Chaîne Anosyenne, près de Tolagnaro, jusqu'au massif de Tsaratanana, dans le Nord. (D'après 14.)

isolées subissent un processus de **différenciation génétique**.

Parmi les autres groupes d'oiseaux **endémiques** au **niveau supérieur** de Madagascar, d'autres exemples de paires d'espèces qui apparaissent dans des zones non-chevauchantes (**allopatrique**) de l'île existent. Chez les deux espèces du genre *Philepitta*, qui sont particulièrement **frugivores**, *P. castanea* est distribuée dans la forêt sempervirente tandis que *P. schlegeli* fréquente la forêt **caducifoliée** et la forêt de transition entre humide et sèche. Le seul endroit où ces deux espèces sont connues en **sympatrie** est situé à 785 m d'altitude, dans la forêt humide de Manongarivo, au Nord-ouest de l'île, dans une bande étroite où en générale les oiseaux montrent une affinité biogéographique avec les Hautes Terres centrales (144).

Un autre exemple marquant sur l'existence des populations vicariantes s'observe également chez la famille des Vangidae dont une espèce, *Cyanolanius madagascarinus*, se rencontre à la fois aux Comores et à

Madagascar. Un des points critiques est représenté par les Comores qui sont constituées par un **archipel** volcanique formé au cours des dernières périodes géologiques et qui n'a jamais eu de connexion directe avec Madagascar. Par conséquent, la seule manière à la disposition de *Cyanolanius* pour atteindre l'archipel était de voler à travers les centaines de kilomètres qui séparent Madagascar des Comores. Suivant la **classification** actuelle, la sous-espèce qui existe aux Comores est *C. m. comorensis*, dont le plumage diffère légèrement de celui de la sous-espèce malgache, *C. m. madagascarinus*. Ainsi, comme dans le cas de *Coua cristata* ci-dessus, il s'agit probablement d'une **spéciation naissante**. Pour *Cyanolanius madagascarinus*, les populations comorienne et malgache sont complètement isolées, alors que les différentes sous-espèces de *Coua cristata* peuvent être partiellement en contact.

D'autre part, dans la famille des Vangidae, le genre *Xenopirostris* est représenté par trois espèces distinctes qui fréquentent différents types de formation végétale. *Xenopirostris polleni* se répartit dans les forêts humides **sempervirentes** orientales et des Hautes Terres centrales, *X. damii* est très restreinte à la forêt caducifoliée et *X. xenopirostris* est localisée dans les forêts caducifoliées et **épineuses** du Sud-ouest et Sud.

Mais les résultats des études de génétiques moléculaires sur quelques espèces induiraient, dans certaines situations, à une confusion concernant nos connaissances obtenues à partir des observations des formes vivantes et des **spécimens muséologiques**. Dans le cas suivant, les modèles de distribution basés sur la variation **morphologique** ne coïncident pas avec ceux fondés sur les analyses moléculaires. Chez *Bernieria madagascariensis*, les deux sous-espèces étaient longtemps considérées comme les représentants des formes orientale et occidentale, suivant la coloration du plumage et la situation géographique. *Bernieria m. madagascariensis*, plus sombre, est distribuée dans les forêts humides sempervirentes du Centre et de l'Est, depuis Anjanaharibe-Sud et Marojejy, dans le Nord jusqu'à Andohahela dans le Sud. Alors que *B. m. inceleber*, plus clair est répartie dans les forêts caducifoliées au Nord et ensuite au sud jusqu'à Toliara. Mais d'après les récents travaux de Nick Block au laboratoire moléculaire, les modèles issus des études génétiques ont révélé la présence de deux populations qui ne correspondent pas aux deux sous-espèces précédemment décrites, qui sont génétiquement très similaires. Le plus étonnant c'est qu'au lieu d'avoir une différenciation Est-Ouest selon le type de végétation, une **diversification cryptique** a été constatée suivant la latitude. Les deux **clades** sont par ailleurs génétiquement très différentes, mais ces oiseaux ne peuvent pas être distingués à partir de leur morphologie ou de leur vocalisation. L'une des deux populations est confinée dans la forêt humide sempervirente du Sud-est de l'île, et l'autre est répandue sur le reste de la zone d'occurrence de l'espèce, et les deux clades ainsi obtenus semblent être **allopatriques**.

Une question cruciale concerne les impacts des activités humaines (**anthropiques**), qui ont modifié les paysages **écologiques** ainsi que les **communautés** des oiseaux. Comme mentionné plus haut, une grande majorité des oiseaux endémiques de Madagascar sont des espèces typiquement **dépendantes** de la forêt, et ne peuvent pas localement ou régionalement survivre sans des habitats forestiers appropriés. Les modifications ont eu lieu suivant deux manières différentes : 1) la destruction complète des vastes zones d'habitat forestier a seulement permis la persistance de quelques espèces endémiques et 2) le défrichement de certaines portions de forêt a créé une série de fragments forestiers dans lesquels certaines espèces endémiques demeurent. Ambohitantely est un site qui a souvent fait l'objet d'études concernant l'impact de la **fragmentation** forestière sur les Hautes Terres centrales (6, 102 ; Figure 39).

Dans un tel site, parallèlement à la dislocation de la couverture forestière, les **métapopulations** ont été subdivisées en des sous-populations plus ou moins isolées, et chacune a évolué indépendamment des autres au cours du temps. Autrement dit, des espèces initialement interfécondes ont pu évoluer en sous-populations ou espèces distinctes suite à l'isolement géographique. L'impact que cela

Figure 39. La Réserve Spéciale d'Ambohitantely est un site important pour étudier les impacts de la **fragmentation** forestière sur différentes espèces de **vertébrés**. Autrefois la zone était un bloc continu de forêt, mais la déforestation et différentes modifications **anthropiques** de l'**habitat** naturel l'ont réduit à plus de 500 fragments, dont la taille varie de 1 250 ha à moins de 1 ha. (Cliché par Olivier Langrand.)

pourrait avoir à moyen et à long terme reste encore à déterminer, mais à un certain niveau, la subdivision des populations constitue des expériences artificielles dans le processus, empêchant ainsi le **flux génétique** et la différenciation génétique des populations.

SERVICE ECOLOGIQUE

Dissémination

La **dispersion** naturelle des graines et la pollinisation sont parmi les services **écosystémiques** très importantes rendus par la **biodiversité**, pour la **régénération** de la forêt et la fructification des arbres natifs (**autochtones**) et non-natifs (**introduits**). Nombreux sont les bénéfices directs ou indirects que l'homme tire de la biodiversité et du fonctionnement des écosystèmes. Plusieurs modes de **dissémination** s'observent dans la nature suivant les moyens utilisés par les plantes pour répandre les graines et le pollen (le vent, l'eau, les animaux, etc.).

Dispersion des graines

Les animaux qui se nourrissent de graines (**granivores**) ou fruits (**frugivores**) contribuent à la **dispersion**, cet aspect est connu sous le terme de **zoochorie**. Ce processus présente l'avantage de faire franchir de grandes distances aux graines par rapport aux plantes mères, la dispersion par zoochorie est surtout effectuée par les espèces volantes qui ont la capacité de se déplacer très loin, telles que les espèces de **canopée**. Parmi ces transporteurs, les oiseaux jouent un rôle fondamental dans la **régénération** des forêts, mais à Madagascar, très peu d'espèces d'oiseaux sont exclusivement frugivores. Le **régime alimentaire** d'un grand nombre d'espèces d'oiseaux malgaches est constitué essentiellement d'insectes, même les frugivores consomment occasionnellement des **invertébrés**, particulièrement lorsque les fruits sont rares.

Parmi les huit espèces d'oiseaux malgaches frugivores, *Philepitta castanea* est confinée dans les forêts humides **sempervirentes**, et consomment principalement des fruits. Les études conduites dans le Parc National de Ranomafana sur le régime alimentaire de cette espèce montrent qu'elle se nourrit de fruits de plus de 24 espèces de plantes de **sous-bois** de la forêt humide et qui appartiennent à plus de 13 familles. Une grande proportion est constituée par les petites baies des familles des Myrsinaceae et des Rubiaceae (44%) et cette espèce consomme surtout *Psychotria* sp. (famille des Rubiaceae), *Oncostemum* sp. (famille des Myrsinaceae) et *Piper* sp. (famille des Piperaceae) (Figure 40) (154). Ensuite, *Philepitta castanea* semble jouer un rôle important dans la régénération du sous-bois (147, 154). Suivant nos observations dans plusieurs localités de la forêt humide sempervirente, une corrélation positive apparente existe entre l'abondance des pieds de *Psychotria* spp. et l'abondance de *Philepitta castanea*. Outre les fruits des Myrsinaceae et Rubiaceae, ces oiseaux consomment et dispersent d'autres fruits appartenant à au moins 12 familles de plantes selon leur disponibilité, assurant ainsi la régénération et la variété de la végétation de sous-bois. *Philepitta castanea* avale les fruits bien colorés d'un rouge et bleu noir, et les graines non digérées sont rejetées à l'extérieur avec les excréments. Le transit intestinal des graines de certaines espèces de plante semble favoriser leur **germination**, par rapport à celle des fruits qui sont simplement tombés par terre (153). Les acides dans l'estomac de ces animaux ramollissent apparemment les enveloppes externes des graines et permettent ainsi leur développement.

Très peu d'informations sont disponibles sur l'**écologie** de *P. schlegeli* étant donné qu'il s'agit d'une espèce assez localisée et dont la taille de la **population** dans la nature est nettement plus petite par rapport à celle de *P. castanea* ; son rôle dans la régénération de la forêt n'est pas encore démontré mais l'observation des déjections de quelques individus capturés dans des filets dans la forêt caducifoliée de Beanka, au Centre-ouest de l'île, ont révélé la présence de minuscules graines intactes.

Par rapport aux autres zones forestières tropicales de l'**Ancien Monde**, les forêts malgaches renferment moins d'espèces

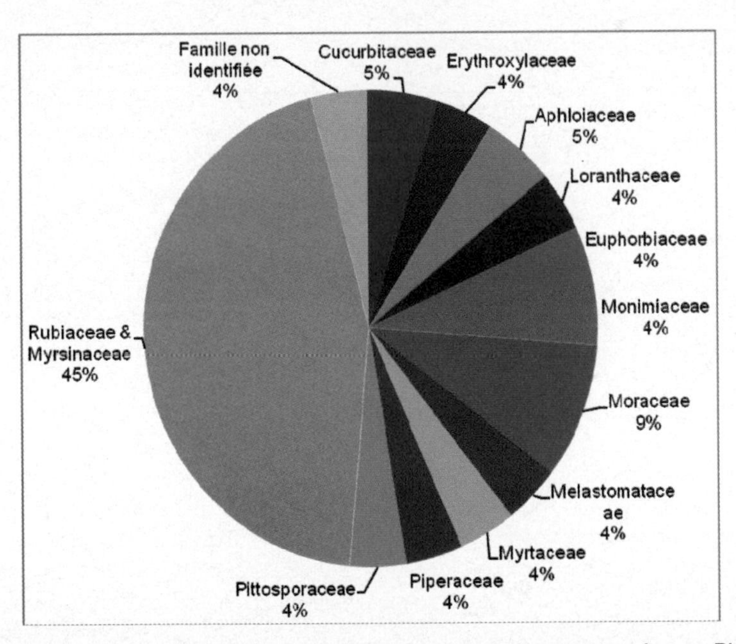

Figure 40. Diagramme montrant les pourcentages des fruits consommés par *Philepitta castanea*, par famille de plante dans la forêt du Parc National de Ranomafana (D'après 154.) Les petites baies des familles des Myrsinaceae et des Rubiaceae constituent une grande partie de son **régime alimentaire**.

d'oiseaux **spécialistes** des fruits et graines (60). Parmi les espèces forestières **endémiques** à un niveau **taxonomique** élevé, seulement cinq entrent dans cette catégorie et deux (*Monias benschi* et *Mesitornis variegata*) consomment apparemment des graines de manière régulière (61). Les autres telles que *Mesitornis unicolor*, certains membres du genre *Coua*, *Leptopterus chabert* et *Cyanolanius madagascarinus* ne semblent ingérer les graines qu'occasionnellement (Figure 41). Dans la plupart des cas, la digestion des graines n'a pas encore été clairement déterminée, si ces oiseaux laissent passer des graines entières et viables ou s'ils les consomment réellement, par conséquent, le rôle de ces spécialistes en graines dans la régénération de la forêt n'est pas encore élucidé et mérite d'être étudier.

Pollinisation

C'est le processus de transport d'un grain de pollen depuis l'étamine (organe mâle) afin que celui-ci rencontre les pistils (organe femelle) de la même espèce. La **pollinisation** est le mode de reproduction privilégié des plantes. Plus de 70% à 90% des plantes à graines (**angiospermes**) sont pollinisées par les espèces de **vertébrés** et d'**arthropodes**. Dans les agro-systèmes, la pollinisation est un facteur de production essentiel intervenant dans divers secteurs agricoles. Des études récentes ont pu chiffrer l'activité pollinisatrice des insectes à 153 milliards d'euros dans le monde, soit 9,5% de la valeur totale de la production alimentaire mondiale (49).

Les plantes et leurs **pollinisateurs** sont indissociables : source de

Figure 41. Bien que généralement considérée comme une espèce largement **insectivore**, *Cyanolanius madagascarinus* est aussi connue pour se nourrir de fruits et de graines. (Cliché par Ken Behrens.)

nourriture pour les animaux et atout lors de la reproduction pour les plantes. Ce **mutualisme** bénéfique qui lie les deux parties a abouti à la **diversité** des espèces observées dans la nature aujourd'hui. Le nombre et la variété des pollinisateurs influent fortement sur la **biodiversité** végétale et inversement. Par leur interaction avec les plantes, les oiseaux jouent un rôle important dans la **régénération** de la forêt au moyen de la pollinisation. Mais à Madagascar, très peu d'oiseaux assurent ce rôle ; parmi les familles et sous-familles **endémiques**, deux espèces seulement sont spécialisées dans la consommation de nectar et occasionnellement des insectes. Ce sont les membres du genre *Neodrepanis* qui sont des espèces typiques des forêts humides **sempervirentes**. La longue langue en tubule terminée par une touffe de poils fins formant une sorte de pinceau, ainsi que le long bec très pointu et recourbé, sont parfaitement adaptés pour puiser le nectar sucré des fleurs aux pétales souvent colorées (voir p. 67). D'autre part, *Philepitta castanea* pompe occasionnellement le nectar de différentes espèces de *Bakerella* (famille des Loranthaceae) (Figure 30). Notons que cette espèce possède également une langue dont l'extrémité porte un petit pinceau de fibres étroites et raides. Lorsqu'un oiseau comme les genres *Philepitta* et *Neodrepanis* visite les fleurs pour sucer le nectar à l'aide de sa langue, il ramasse en même temps du pollen qui se colle sur la langue, le bec, la tête et les plumes de la tête. Etant donné que l'oiseau butine d'une fleur à une autre, il dépose éventuellement du pollen sur l'organe sexuel femelle d'une fleur de la même espèce au cours de sa recherche de nectar et favorise ainsi la **fécondation** des plantes visitées.

ADAPTATION MORPHOLOGIQUE

Compte tenu de la diversité remarquable des différents oiseaux endémiques au **niveau supérieur** de Madagascar et de leurs **adaptations** multiples, il n'est pas surprenant que certaines structures **morphologiques** uniques ont évolué chez ces animaux. L'un des plus frappants est la **caroncule** des membres des Philepittinae, qui a fait l'objet de recherches approfondies (137, 138). Nombreux sont les organismes qui ont la capacité de voir les couleurs. Par exemple, la couleur bleu foncée de la caroncule de *Neodrepanis* peut être mesurée avec un appareil spécial et les structures observées reflètent dans la gamme proche de l'**ultraviolet**, qui est invisible à l'œil humain mais perceptible par ces oiseaux.

Ce fut la première découverte d'une peau de couleur ultraviolet chez les oiseaux. Ceci est probablement très important dans les différents types de communication entre les individus. Ainsi, quand nous, humains, regardons la caroncule de ces animaux, nous ne voyons pas la couleur et la réflexion de la même manière qu'un individu de *Neodrepanis*. Quand la caroncule de *Philepitta castanea* est examinée de très près, à l'œil nu, une série de papilles en forme de cône bien ordonnées peut être observée (Figure 46). Au niveau **microscopique**, ces papilles sont organisées en une série de fibres, très alignées, comme les cristaux de certains types de roche, formant des microstructures très fines. Les différences de l'arrangement de ces structures donnent les diverses couleurs de la caroncule. La découverte étonnante et la description de ces microstructures ont des implications importantes dans le domaine de la fibre optique et de la télécommunication. Ceci est un exemple qui montre l'importance de l'**histoire naturelle** et des études morphologiques pour la société humaine.

ADAPTATION ECOLOGIQUE

Elle est définie comme étant une modification de la forme, de la **physiologie** ou des **comportements** d'une espèce vivante, lui permettant de supporter les variations d'un ou de plusieurs facteurs d'un milieu, tout en continuant à l'exploiter. Les oiseaux malgaches sont, de part leurs exigences biologiques et **écologiques**, inféodés aux différents milieux. Ces milieux présentent des caractéristiques variées qui entraînent une certaine **adaptation** écologique des espèces. Cette adaptation touche plusieurs aspects dont l'importance est fonction du degré de leur besoin associé aux contraintes du milieu dans lequel l'espèce évolue.

Adaptation alimentaire

Pour l'alimentation, la forme du bec varie chez les oiseaux en fonction du type de nourriture et du type de **microhabitat** des leurs **proies**. L'**adaptation** à cette fonction a abouti à une large gamme de formes du bec. Au sein des membres des **non-passereaux** telles que les Mesitornithidae, Brachypteraciidae et Couinae qui ont l'habitude de rechercher leur nourriture sur la surface des troncs, des feuilles et par terre dans les humus, le bec est fort, épais et assez court avec une extrémité peu pointue. Pour les espèces **insectivores** qui se nourrissent essentiellement de petites proies et les picorent sur les feuilles, les troncs et les branches comme les Bernieridae, leur bec est droit, mince et court ; pour ceux qui consomment de gros insectes, leur bec est fort et pointu.

Les formes les plus extraordinaires se rencontrent principalement chez la famille des Vangidae (99, 158, 183). Etant donné qu'elles ont été déjà abordées à plusieurs reprises dans certaines sections de ce livre pour expliquer leur **radiation adaptative** exceptionnelle et leur **niche écologique** (Figures 19 et 33 ; voir p. 35), nous rappelons seulement à titre d'exemple quelques cas particuliers chez ce groupe. Pour les espèces qui élaguent les écorces, détruisent les bois pourris et dissèquent surtout de gros insectes comme *Schetba rufa*, *Vanga curvirostris*, *Leptopterus chabert*, *Artamella viridis* et *Xenopirostris* spp., leur bec est très robuste et très pointu. Pour *Falculea palliata* qui cherche ses proies dans les fissures et trous des troncs ou sous les écorces, son bec ressemble à une faucille très longue et comprimée latéralement. Chez les **nectarivores** de la sous-famille des Philepittinae (genre *Neodrepanis*) qui sont adaptés à sucer le nectar dans la profondeur des fleurs, leur bec est très long et recourbé et épouse même la forme des éperons des fleurs (Figure 4e). La langue forme des gouttières ou des longs tubes dont l'extrémité est munie d'un pinceau des poils très fins, qui permettent l'aspiration du nectar.

Niche écologique

Dans un environnement variable, comme un **écosystème** forestier, les individus de chaque espèce sont à la recherche incessante de compromis, de manière à optimiser trois besoins principaux : s'alimenter, se reproduire et se protéger contre les **prédateurs**. Leur **habitat** résulte de la recherche à satisfaire ces besoins (107), l'habitat et le rôle fonctionnel joué par ces individus dans cet habitat déterminent une **niche écologique**. Généralement, chaque espèce occupe une niche particulière dans un **biotope** donné, et il arrive qu'au cours des différentes étapes de leur **cycle biologique**, elles occupent plus d'une niche écologique. Le changement de niche pendant une période bien déterminée de leur cycle biologique correspond probablement à une phase critique de leur développement. Le plus souvent ce changement coïncide soit avec la raréfaction de la source de nourriture principale, soit avec le besoin d'un endroit plus sécurisé.

Dans la nature, les niches de plusieurs espèces semblent être des fois similaires, de telle sorte que nous avons l'impression que plusieurs espèces partagent le même espace. Mais des observations plus fines permettent de discerner la limite très étroite entre les différentes espaces **écologiques** de ces espèces, mais qui sont cependant bien organisées, les différentes espèces exploitent différemment les ressources dans le temps et dans l'espace. Chaque espèce de vangas ou de philépittes, par exemple, en fonction de la forme de son bec, s'adapte à une niche bien définie, et selon laquelle le comportement alimentaire a été largement discuté dans la section sur la **spéciation** (voir p. 79).

Répartition des espèces d'oiseaux au sein des niches écologiques

Suivant la nature du **régime alimentaire**, du lieu de la recherche de nourriture et du lieu de **nidification**, les espèces d'oiseaux forestiers malgaches sont distribuées au sein de 28 différentes **niches écologiques** (178). Les 54 membres des familles et sous-familles **endémiques** sont répartis dans 19 types de niches (Tableaux 6 et 7). Ce sont surtout les espèces strictement **insectivores** et **arboricoles** de la strate moyenne qui forment le groupe dominant dans l'**écosystème** forestier malgache (61, 178, 179). Cette niche englobe surtout les espèces qui se nourrissent de différentes sortes d'**invertébrés**, comme les insectes volants, les larves ou chenilles et les araignées. Une grande partie est composée des tretrekes et quelques-unes sont des vangas. Ce groupe d'insectivores et arboricoles est suivi des espèces **terrestres** qui se nourrissent généralement d'insectes mais qui consomment occasionnellement des graines. La niche écologique de ces dernières se distingue de celle des espèces ayant le même régime alimentaire car leur nidification se déroule en hauteur, sur les arbres, contrairement à leur vie quotidienne qui se passe principalement au niveau du sol. La plupart des mésites et des couas font partie de cette niche. *Coua cristata* se nourrit d'une large gamme de types de nourriture (**omnivore**) avec son régime alimentaire constitué par des insectes, des mollusques, des petits **vertébrés** (lézards et grenouilles) et même des graines.

Tableau 6. Répartition globale par **niche écologique** des espèces appartenant à des familles et sous-familles **endémiques** de Madagascar. (D'après 178 avec quelques modifications.)

Régime alimentaire	Lieu d'alimentation	Lieu de nidification	Statut	Nombre espèces par niche	Pourcentage par niche
I	Ar1	Ar	E	4	7,4
I	Ar2	Ar	E	11	20,4
I	Ar3	Ar	E	4	7,4
I	T	Ar	E	2	3,7
I	T	T	E	3	5,6
I, N	Ar2	Ar	E	2	3,7
I, Veg	Ar2	Ar	E	3	5,6
I, Veg	Ar1	Ar	N	2	3,7
I, Veg	T	Ar	E	7	13,0
I, G, V	Ar2	Ar	E	1	1,9
I, G,Veg	T	Ar	E	1	1,9
I, V	Ar1	Ar	E	2	3,7
I, V	Ar2	T	N	1	1,9
I, V	Ar2	Ar	E	5	9,3
I, V	Ar3	Ar	E	1	1,9
I, V	T	T	E	1	1,9
I, V, G	T	T	E	2	3,7
I, Veg, G, V	Ar2	Ar	E	1	1,9
I, Veg, V	Ar2	Ar	E	1	1,9

Légendes

Régime alimentaire – G : graines, I : insectes, Veg : fruit ou nectar, V : vertébrés. **Lieu d'alimentation** – T : terrestre, Ar : arboricole, Ar1 : sur les branches les plus basses comprises entre le 1/3 inférieur de la strate verticale, Ar2 : partie moyenne dans le 1/3 médian, Ar3 : dans la partie du 1/3 supérieur de la strate verticale. **Lieu de nidification** - Ar : arboricole, T : terrestre ou terrier. **Type de forêt** – FE : forêt humide sempervirente, FO : forêt dense sèche caducifoliée de l'Ouest, FSSO : forêt sèche caducifoliée du Sud-ouest, FSS : forêt épineuse du Sud. **Tolérance** - 0 : forêt intacte, 1 : forêt relativement intacte, 2 : forêt perturbée, 3 : forêt dégradée. **Distribution** – E : Est, O : Ouest, S : Sud.

Specificite ecologique

Selon la tolérance de chaque espèce aux conditions **écologiques** de l'environnement, certaines peuvent s'adapter à une large gamme de facteurs écologiques (Tableau 7). Ce sont des espèces dites **généralistes**, telles que *Calicalicus madagascariensis* et *Newtonia brunneicauda*. D'autres sont plus spécialisées ou possèdent une préférence pour leurs besoins vitaux non seulement en matière d'habitat mais également pour leur écologie, de telle sorte que leur **niche écologique** est beaucoup plus restreinte. Tels sont les cas, entre autres d'*Uratelornis chimaera*, de *Coua verreauxi* et de *Xenopirostris damii*. Ces espèces aux exigences plus poussées sont dites **spécialistes**, et sont ainsi plus vulnérables vis-à-vis de la **dégradation** de la forêt naturelle et méritent une attention particulière dans un programme de conservation.

Spécificité en termes d'habitat

Chaque type d'habitat renferme des caractéristiques **écologiques** qui lui sont propres et qui répondent spécifiquement aux besoins vitaux des espèces animales qu'il héberge. La répartition écologique de certaines espèces dépend principalement de la présence de ces caractéristiques et elle se manifeste aussi bien sur le plan vertical qu'horizontal.

Sur un massif forestier par exemple, *Geobiastes squamiger*, *Schetba rufa*, *Oriolia bernieri* et *Hypositta corallirostris* sont des espèces typiquement forestières de la forêt humide **sempervirente** de basse altitude jusqu'à 1200 m, et affectionne principalement les habitats avec de grands arbres. *Geobiastes squamiger* est une espèce **terrestre** discrète du **sous-bois** assez dense, elle chasse au niveau du sol et fouille les litières assez épaisses pour chercher ses **proies** (Figure 42) ; *S. rufa* chasse sur les troncs et branches et dans le feuillage des grands arbres ; *O. bernieri* et *H. corallirostris* fréquentent la strate supérieure de la forêt et inspectent les grands troncs d'arbre à la quête de leur nourriture. D'autre part, *Xanthomixis tenebrosus* est aussi **spécialiste** de cette tranche altitudinale mais l'espèce préfère les sous-bois sombres et bien fournis où la température est apparemment plus fraîche et le taux d'humidité relative élevée.

Neodrepanis coruscans est un spécialiste de la moyenne altitude, entre 1 200 et 1 400 m. L'espèce se rencontre fréquemment dans le sous-bois relativement fourni des vallées et sur les versants peuplés de plantes aux fleurs vives, et sa préférence va à celles en forme de clochette ; *Atelornis crossleyi*, *N. hypoxantha*, *X. cinereiceps* et *Crossleyia xanthophrys* sont des spécialistes des hautes altitudes et se cantonnent généralement dans les forêts montagnardes au-dessus de 1 400 m d'altitude. Cette formation est caractérisée par l'abondance de mousses et de lichens, associée à une humidité relative élevée due au phénomène **orographique**, des arbres relativement de faible diamètre et moins grands et par une température plus fraîche que ceux des altitudes inférieures. *Atelornis crossleyi*, une espèce terrestre, se rencontre dans le sous-bois où la végétation est peu dense avec une litière assez épaisse et un tapis herbacé discontinu, où elle parcourt le sol à la recherche de ses **proies** ; *N. hypoxantha* est spécialiste de la strate moyenne, dans un sous-bois assez fourni. Etant une espèce **nectarivore**, elle visite les fleurs des arbustes, des lianes et des plantes **épiphytes** sur les arbres. *Xanthomixis cinereiceps* exploite également le sous-bois avec une végétation assez dense. *Crossleyia xanthophrys* est typiquement terrestre, bien à l'abri dans le sous-bois fourni avec un tapis herbacé assez dense et haut. L'animal parcourt le tapis herbacé pour chasser les proies tout en fouillant avec son bec les feuilles mortes accumulées sur le sol.

Figure 42. Un certain nombre d'espèces d'oiseaux **endémiques** à Madagascar ont des **niches écologiques** très spécifiques dans lesquelles ils vivent. Par exemple, *Geobiastes squamiger* est une espèce **terrestre** discrète du **sous-bois** assez dense, elle chasse au niveau du sol et fouille les litières assez épaisses pour chercher ses **proies**. (Cliché par Lily-Arison Rene de Roland.)

Horizontalement, l'un des facteurs prépondérants qui varient aussi bien suivant la latitude que la longitude est les **précipitations** caractérisant la qualité et le type des habitats forestiers. La baisse progressive de la pluviosité suivant le gradient Nord-Sud ou Est-Ouest accentue l'aridité et modifie ainsi la **biomasse**, ainsi que la qualité des ressources alimentaires. Les extrêmes de cette **cline** sont représentés par la Péninsule de Masoala d'une part, avec des zones qui reçoivent annuellement environ 7 m de pluie, et des zones dans l'extrême Sud-ouest d'autre part, où la moyenne de la pluviométrie est inférieure à 400 mm par an. Nombreuses sont les espèces qui préfèrent les habitats avec des précipitations abondantes, bien réparties au cours de l'année et avec une biomasse très élevée. Les habitats forestiers de ces zones de la moitié septentrionale de l'île sont caractérisés, entre autres par une forêt sempervirente tout au long de l'année avec des arbres de grande taille et de grand diamètre, une voute forestière continue dont le pourcentage d'ouverture est fonction du degré de **dégradation**, et une humidité relative élevée. Toutefois pour ne pas s'étendre sur ces exemples, quelques cas seulement sont présentés ici. *Euryceros prevostii* et *Oriolia bernieri* sont des espèces surtout restreintes dans ce type d'habitat du Nord-est et du Centre-est malgache. Ces espèces forestières fréquentent les

Tableau 7. Niches de chaque espèce des familles et sous-familles d'oiseaux **endémiques** de Madagascar. Cette liste concerne les espèces **subfossiles** (†) ou actuelles, et présente leurs principaux aspects **écologiques** (61, 178, Vahatra non publié).

Systématique	Régime alimentaire	Lieu d'alimentation	Lieu de nidification	Type de forêt	Tolérance	Distribution							
						o	s	O	e	c	sa	hm	E
Ordre Struthioniformes													
†Famille Aepyornithidae													
Aepyornis gracilis	Veg	T	T										
Aepyornis hildebrandti	Veg	T	T										
Aepyornis maximus	Veg	T	T										
Aepyornis medius	Veg	T	T										
Mullerornis agilis	Veg	T	T										
Mullerornis betsilei	Veg	T	T										
Mullerornis grandis	Veg	T	T										
Mullerornis rudis	Veg	T	T										
Ordre Gruiformes													
Famille Mesitornithidae													
Mesitornis unicolor	I, G, Veg	T	Ar	FH	0				1	1			1
Mesitornis variegata	I, Veg	T	Ar	FH, FSO	0	1		1	1				1
Monias benschi	I, Veg	T	Ar	FSSO	0		1	1					
Ordre Cuculiformes													
Famille Cuculidae													
Sous-famille Couinae													
†*Coua berthae*	I, Veg, V ?	T	?										
Coua caerulea	I, Veg, V	Ar2	Ar	FH, FSO	2	1		1	1	1	1	1	1
Coua coquereli	I, Veg	T	Ar	FSO	1	1		1			1		1

Tableau 7. (suite)

Systématique	Régime alimentaire	Lieu d'alimentation	Lieu de nidification	Type de forêt	Tolérance	Distribution							
						o	s	O	e	c	sa	hm	E
†*Coua cristata maxima*	I, Veg, G, V	Ar2	Ar	FH									
Coua cristata sspp.	I, Veg, G, V	Ar2	Ar	FM	2	1	1	1	1	1	1		1
Coua cursor	I	T	Ar	FSSO, FSS	1		1	1					
†*Coua delalandei*	I, Veg, V ?	T	?	FH									
Coua gigas	I, Veg	T	Ar	FM	1	1	1	1					
†*Coua primavea*	I, Veg, V ?	T	?	FSO									
Coua reynaudii	I, Veg	T	Ar	FH	1				1	1	1	1	1
Coua ruficeps	I, Veg	T	Ar	FSO, FSSO, FSS	2	1	1	1					
Coua serriana	I, Veg	T	Ar	FH	1				1	1	1		1
Coua verreauxi	I, Veg	Ar2	Ar	FSSO, FSS	1		1	1					
Famille Brachypteraciidae									1	1	1	1	1
Atelornis crossleyi	I	T	T	FH	0				1	1			1
Atelornis pittoides	I, V	T	T	FH	0				1	1	1	1	1
†*Brachypteracias langrandi*	I, V, G ?	T	T ?										
Brachypteracias leptosomus	I, V, G	T	T	FH	0				1	1			1
Geobiastes squamiger	I, V, G	T	T	FH	0				1	1			1
Uratelornis chimaera	I	T	T	FSO	1		1	1					
Famille Leptosomidae													
Leptosomus discolor	I, V	Ar2	T	FM	2	1	1	1	1	1	1		1

Tableau 7. (suite)

Systématique	Régime alimentaire	Lieu d'alimentation	Lieu de nidification	Type de forêt	Tolérance	Distribution							
						o	s	O	e	c	sa	hm	E
Ordre Passeriformes													
Famille Eurylaimidae													
Sous-famille Philepittinae													
Neodrepanis coruscans	I, N	Ar2	Ar	FH	0				1	1		1	1
Neodrepanis hypoxantha	I, N	Ar2	Ar	FH	0					1		1	1
Philepitta castanea	I, Veg	Ar2	Ar	FH	1				1	1	1	1	1
Philepitta schlegeli	I, Veg	Ar2	Ar	FH, FSO	1	1		1			1		1
Famille Bernieridae													
Bernieria madagascariensis	I	Ar2	Ar	FH, FSO	1	1	1	1	1	1	1		1
Crossleyia xanthophrys	I	Ar3	Ar	FM	1					1			1
Cryptosylvicola randrianasoloi	I	Ar2	Ar	FM	1	1			1	1			1
Hartertula flavoviridis	I	Ar3	Ar	FM	1				1	1			1
Oxylabes madagascariensis	I	Ar3	Ar	FM	1				1	1			1
Randia pseudozosterops	I	Ar1	Ar	FM	1				1	1			1
Thamnornis chloropetoides	I	Ar1	Ar	FSO	0		1	1					
Xanthomixis apperti	I	Ar2	Ar	FM	0	1	1						
Xanthomixis cinereiceps	I	Ar2	Ar	FM	0					1			1
Xanthomixis tenebrosa	I	T	T	FM	0				1	1			1
Xanthomixis zosterops	I	Ar2	Ar	FM	1				1	1	1		1
Famille Vangidae													
Artamella viridis	I, V	Ar1	Ar	FM	2	1	1	1	1	1	1	1	1
Calicalicus madagascariensis	I, V	Ar1	Ar	FM	1	1		1	1	1	1	1	1

Tableau 7. (suite)

Systématique	Régime alimentaire	Lieu d'alimentation	Lieu de nidification	Type de forêt	Tolérance	Distribution							
						o	s	O	e	c	sa	hm	E
Calicalicus rufocarpalis	I	Ar2	Ar	FSSO, FSS	0		1	1					
Cyanolanius madagascarinus	I, Veg	Ar1	Ar	FH, FSO	1	1		1	1	1	1		1
Euryceros prevostii	I, V	Ar2	Ar	FH	0				1	1			1
Falculea palliata	I, G, V	Ar2	Ar	FSO, FSSO	2	1	1	1			1		1
Hypositta corallirostris	I	Ar1	Ar	FH	0				1	1			1
Leptopterus chabert	I, Veg	Ar1	Ar	FM	2	1	1	1	1	1	1		1
Mystacornis crossleyi	I	T	Ar	FH	1				1	1			1
Newtonia amphichroa	I	Ar2	Ar	FH	1				1	1			1
Newtonia archboldi	I	Ar2	Ar	FSO, FSSO	1		1	1					
Newtonia brunneicauda	I	Ar2	Ar	FM	1	1	1	1	1	1	1	1	1
Newtonia fanovanae	I	Ar3	Ar	FH	0				1	1			1
Oriolia bernieri	I	Ar2	Ar	FH	0				1	1			1
Pseudobias wardi	I	Ar1	Ar	FH	0	1			1	1		1	
Schetba rufa	I, V	Ar2	Ar	FH, FSO	0	1		1	1	1			1
Tylas eduardi	I	Ar2	Ar	FH, FSO	1	1		1	1	1			1
Vanga curvirostris	I, V	Ar2	Ar	FM	1	1	1	1	1	1	1		1
Xenopirostris damii	I, V	Ar3	Ar	FSO	0	1		1					
Xenopirostris polleni	I, V	Ar2	Ar	FH	1				1	1			1
Xenopirostris xenopirostris	I, V	Ar2	Ar	FSO	1		1	1					

Légendes

Régime alimentaire – G : graines, I : insectes, Veg : fruit ou nectar, V : vertébrés. **Lieu d'alimentation** – T : terrestre, Ar : arboricole, Ar1 : sur les branches les plus basses comprises entre le 1/3 inférieur de la strate verticale, Ar2 : partie moyenne dans le 1/3 médian, Ar3 : dans la partie 1/3 supérieure de la strate verticale. **Lieu de nidification** - Ar : arboricole, T : terrestre ou terrier. **Type de forêt** – FH : forêt humide sempervirente, FM : forêt mixte, FSO : forêt dense sèche caducifoliée de l'Ouest, FSSO : forêt sèche caducifoliée du Sud-ouest, FSS : forêt épineuse du Sud. **Tolérance** - 0 : forêt intacte, 1 : forêt relativement intacte, 2 : forêt perturbée, 3 : forêt dégradée. **Distribution** – o : Ouest, s : Sud, e : Est, c : Centre, sa : Sambirano, hm : hautes montagnes.

forêts relativement intactes avec une **canopée** assez fermée.

Concernant l'autre cline extrême, *Uratelornis chimaera*, *Monias benschi* et *Xenopirostris xenopirostris* se sont uniquement bien adaptées à la forêt **épineuse** du Sud-ouest où les conditions écologiques sont très saisonnières et défavorables. Leur habitat naturel connaît de faibles précipitations tout au long de l'année, avec une aridité très accentuée et une végétation aux caractères biologiques adaptés à la sècheresse (arbres **rabougris** à feuilles **caduques**, **aphylles**, réduites ou absentes ou transformées en épines, succulence, arbres en bouteille, etc.) telles que les espèces de *Didierea*, d'*Alluaudia* (famille des Didiereaceae) et d'*Euphorbia* (famille des Euphorbiaceae) (93).

Spécificité pour le lieu de nidification

Plusieurs critères déterminent le choix d'un lieu de **nidification** : la survie, le succès de reproduction qui inclut les fonctionnalités telles que la protection contre les intempéries et la **prédation**, et l'abondance des ressources en nourriture dans les environs. Certains groupes ou espèces présentent une préférence particulière pour un type de milieu ou de support. Pour donner une idée, parmi les informations disponibles sur nos connaissances actuelles sur les habitudes de reproduction des différentes espèces d'oiseaux endémiques de Madagascar, les nids et les jeunes de plusieurs espèces n'ont pas encore été décrits ou seulement récemment décrits (Figure 43).

Les mésites font leur nid au niveau du sol ou entre les branches très basses des arbres, ces oiseaux érigent un nid en forme de coupe, sommairement construit et composé de fragments de bambous ou de feuilles de *Pandanus*, de petites branches entrelacées, etc.

Geobiastes squamiger creuse dans un talus ou sur une pente inclinée en pleine forêt pour construire son nid dont l'ouverture est parfois bien **camouflée**

Figure 43. Pour plusieurs espèces d'oiseaux malgaches, peu de détails sont disponibles sur leur nid ou les jeunes. Par exemple, ces photos du plumage des oisillons de *Calicalicus rufocarpalis* (à gauche) et *Euryceros prevostii* (à droite) sont les premières à être publiées. (Cliché à gauche par Lily-Arison Rene de Roland et cliché à droite par Ken Behrens.)

par la végétation. Ce type de nid souterrain est commun pour tous les membres des Brachypteraciidae car ils nichent au fond d'un terrier. Des cas naturels sont observés où ces oiseaux partagent le tunnel de nidification avec d'autres **vertébrés** comme les rongeurs endémiques (56).

Le nid de *Neodrepanis coruscans*, comme ceux des autres espèces de philépittes qui ne diffèrent que par quelques caractéristiques, est en forme d'une grande poire renversée avec une ouverture latérale, bien protégé par de grandes feuilles et du feuillage. Cette espèce ainsi que les autres membres de la sous-famille ont une préférence particulière pour les arbres, sur lesquels d'ailleurs ils construisent leur nid. A titre d'exemple, *Philepitta castanea* et *N. coruscans* utilisent les arbres comme *Tambourissa obovata* (famille des Monimiaceae) (136). Quant à *P. schlegeli*, un nid a été observé à l'abri sous de longues feuilles de *Coptosperma* sp. (famille des Rubiaceae) dans la forêt de Beanka (Figure 44). C'est aussi un nid en forme de poire renversée, accroché à la fourche des branches situées à une hauteur de 3 à 4 m au-dessus d'un substrat calcaire ou *tsingy*.

Les membres du genre *Xanthomixis* construisent leur nid en forme de coupelle, suspendu entre deux petites branches d'un arbuste, bien camouflé sous les feuilles et par les mousses utilisées comme matériau constitutif, à une hauteur variant entre 1,5 et 2,5 m au-dessus du sol (Figure 45). Chez *X. tenebrosus*, le nid n'est pas encore décrit mais l'espèce a probablement des caractéristiques similaires à ceux des autres membres des Bernieridae.

Dans les forêts humides, *Bernieria madagascariensis* place son nid sur les berges d'un ruisseau.

Parmi les vangas, *Schetba rufa* construit souvent son nid au niveau de la fourche formée par trois grandes branches d'une dizaine de diamètre, situé entre 10 à 15 m environ au-dessus du sol, le nid est bien camouflé entre ces branches. Le nid est souvent construit sur un grand arbre, bien à l'abri des **prédateurs** grâce à la ressemblance de la couleur de ce nid avec celle du tronc sur lequel il se trouve. Depuis l'emplacement de

Figure 44. Le nid de *Philepitta schlegeli* a été récemment décrit (81). Le nid illustré ici était trouvé dans la forêt de Beanka, accroché à la fourche des branches situées à 3 à 4 m au-dessus du sol, au sein d'une formation de forêt sèche **caducifoliée** sur un substrat calcaire ou *tsingy*. (Cliché par Marie Jeanne Raherilalao.)

Figure 45. Les nids de deux espèces du genre *Xanthomixis* sont illustrés ici, *X. zosterops* (à gauche) et *X. cinereiceps* (à droite), avec les adultes en train de couver. (Cliché à gauche par Marie Jeanne Raherilalao et cliché à droit par Harald Schütz.)

ce nid, les adultes peuvent surveiller les alentours. Des nids d'*Euryceros prevostii* ont été trouvés entre 100 à 200 m d'altitude. Ils sont construits avec des mousses et des fibres de palmier qui les camouflent parfaitement entre la fourche des branches à 8 m environ au-dessus du sol (77). Ces nids se rencontrent souvent dans les frondes de *Cyathea* (famille des Cyatheaceae) et de *Pandanus* (famille des Pandanaceae).

Prédation et stratégie de protection

La **prédation** tient un rôle important dans le fonctionnement **écologique** et, étant donné que les oiseaux concernés font partie de la **chaîne trophique**, ils constituent des **proies** pour divers **prédateurs** tels que les **rapaces**, les serpents, les **Carnivora** et les autres mammifères. Tous les différents stades de développement depuis l'œuf jusqu'au stade adulte peuvent être facilement attaqués par ces prédateurs et c'est surtout au cours des trois premiers stages (œuf, oisillon et juvéniles) que ces oiseaux sont les plus vulnérables. Des stratégies comme le **comportement** et le **camouflage** sont adoptées pour éviter d'être les proies des prédateurs.

Comportement

Les réactions devant un danger sont variables suivant l'espèce et les circonstances. Souvent l'oiseau fuit au vol ou va se réfugier en un lieu où le **prédateur** ne peut pas le suivre (16). Le **comportement** de fuite est souvent accompagné de cris d'alarme qui sont généralement reconnus par les autres espèces se trouvant aux alentours qui soit émettent toutes des cris pour faire fuir les prédateurs soit adoptent la prudence. Ce comportement s'observe surtout chez les petits **passereaux** tels que Bernieridae et certaines espèces de Vangidae. Mais dans bien des cas, des espèces sont prudentes, s'enfuient silencieusement loin des prédateurs et se cachent dans des **refuges** où elles se sentent en sécurité, tel est le comportement de la majorité des membres des Mesitornithidae, des Couinae et des passereaux **terrestres** comme *Crossleyia xanthophrys* et

Mystacornis crossleyi. Contrairement à ces derniers, les espèces peu farouches font semblant d'être indifférentes à l'approche d'un danger et elles ne fuient que si le prédateur est tout proche.

Dans la plupart des cas, les colonies ou les groupes réagissent farouchement en émettant des cris stridents tout en intimidant ensemble les intrus. Les cries aigus de *Falculea palliata* sont des exemples tangibles. D'autres espèces des Vangidae tels que *Artamella viridis* ou *Leptopterus chabert* pourchassent et harcèlent même les grands **rapaces** comme *Buteo brachypterus.*

Camouflage

Comme chez les autres animaux, le **camouflage**, qui est un moyen de survie pour certains animaux tentant d'échapper aux **prédateurs** en se fondant dans l'environnement où ils vivent, se rencontre aussi chez un grand nombre d'espèces d'oiseaux. Il est principalement fréquent chez les espèces qui ne sont pas dotées d'une faculté de déplacement instantané, spécifiquement à voler rapidement, telles que les espèces vivant dans les **sous-bois** denses et les espèces **terrestres**. Les oiseaux qui vivent dans les strates basses, comme le cas de la plupart des Bernieridae, la coloration générale du plumage est d'un vert foncé terne imitant celle du feuillage et des mousses. Par exemple, *Crossleyia xanthophrys*, une espèce terrestre est d'un vert olive sombre ressemblant à la couleur des graminées et des mousses du tapis herbacé (Figure 4f). Le plumage des membres des Mesitornithidae et des Couinae terrestres, et celui des certaines autres **passereaux** prennent la couleur des branches et des feuilles mortes leur permettant de se confondre avec le milieu qui les entoure. Mais, ce système de camouflage n'est pas

Figure 46. Pour certaines espèces d'oiseaux, les mâles et les femelles ont la même coloration, tandis que pour d'autres ils sont différents et montrent un **dimorphisme sexuel**. Un exemple de ce dernier est *Philepitta schlegeli*, dont le plumage des femelles (à gauche) est d'une coloration assez terne et forme un certain **camouflage**, tandis que les mâles (à droite), en particulier pendant la saison de reproduction, ont des **caroncules** de couleurs vives, ce qui les rend plus visibles pour les **prédateurs diurnes**. (Cliché à gauche par Marie Jeanne Raherilalao et cliché à droite par Harald Schütz.)

bien évident chez certains oiseaux, particulièrement chez les mâles des espèces qui montrent un **dimorphisme sexuel**, évoluant dans les étages supérieurs de la forêt et qui volent aisément. Leurs plumages bien colorés se distinguent remarquablement de l'environnement. Le bleu azur de *Cyanolanius madagascarinus* (Figure 41) ou le roux vif de *Schetba rufa* par exemple se dessine nettement du feuillage de la voûte forestière. Chez d'autres espèces, comme les membres du genre *Philepitta*, les femelles ont un plumage qui forme déjà un camouflage, mais les mâles avec la couleur vive de leurs **caroncules** se démarquent et sont probablement plus visibles pour différents prédateurs, tels que les oiseaux de **proie diurnes** (Figure 46).

Adaptation sociale

Aspects liés à la reproduction

Les oiseaux présentent une grande variété d'organisations sociales, certains sont solitaires, d'autres vivent en permanence en couple (**monogame**) et d'autres encore forment des colonies ou groupes avec des systèmes sociaux assez particuliers. Plusieurs raisons déterminent le regroupement des oiseaux : le rapprochement au cours de la saison de reproduction, une abondance particulière de la nourriture, pour se tenir au chaud pendant les nuits hivernales et pour une meilleure protection contre la **prédation**. Les connaissances dans ce domaine concernant les cas des oiseaux malgaches sont très insuffisantes, étant donné la complexité du sujet et la rareté des études à long terme réalisées.

Les individus des espèces généralement solitaires ont tendance à se regrouper, entre la même espèce ou entre des différentes **populations**, du moins temporairement. Les couas sont généralement solitaires mais pendant la saison de reproduction, les adultes reproducteurs se mettent en couple. Après la **nidification**, cette association est encore maintenue pour former un groupe familial. En effet, les deux parents prennent soin ensemble de leurs progénitures jusqu'à ce que les jeunes couas soient complètement indépendants. Des cas de couples de *Coua caerulea*, *C. ruficeps*, *C. cristata* et *C. reynaudii* nourrissant leurs progénitures, apprenant les jeunes à voler, à fouiller et à inspecter les litières pour chercher des **proies** et à chanter ont été observés maintes fois. Les brachyptérolles de la famille des Brachypteraciidae sont également souvent solitaires, mais les oiseaux se mettent en couple à l'approche de la période de reproduction (99). Pour ce **taxa** aucune information sur leur groupe familial ou sur les soins parentaux n'est disponible.

Plusieurs espèces maintiennent des groupes sociaux en dehors de la saison de reproduction, au niveau desquels existent des systèmes complexes pour lesquels les informations à notre disposition sont encore insuffisantes. L'un des systèmes sociaux les plus extraordinaires à Madagascar se rencontre chez les Philepittinae, en particulier chez *Philepitta castanea*. Les mâles de cette espèce possèdent des zones de parade (**leks**) d'environ 20 à 30 m de diamètre qui sont occupées par un seul mâle ou par un groupe de cinq mâles au plus, placés côte à côte. Contrairement aux **territoires** défendus par les mâles des autres espèces d'oiseaux qui contiennent des ressources, comme les arbres fruitiers, les zones autour des leks occupées par *P. castanea* ne contiennent pas une concentration élevée de ressources. Ces leks sont simplement destinés à attirer les femelles pour l'accouplement. Les mâles défendent jalousement ces leks des intrus et y effectuent des parades élaborées exprimées avec des moyens visuels et des chants. Le même groupe de mâles occupe le même territoire au cours de plusieurs saisons de reproduction (135) en gardant probablement la même position dans l'**arène**.

Une **hiérarchie** semble s'installer dans l'organisation sociale de cette espèce. Un mâle avec un plumage de noce d'un noir brillant dont la texture ressemble à du velours doux et beau, et avec des **caroncules** étroites mais allongées au dessus des yeux, d'un beau bleu-vert très vif (Figure 47 à gauche) paraît être le mâle dominant. Il est souvent entouré d'un certain nombre de femelles, jusqu'à quatre individus, ou des mâles mais avec un plumage femelle. Ces derniers sont difficiles à distinguer des femelles sans des observations minutieuses. Selon les informations disponibles, ces mâles au plumage de femelle sont capables de produire du sperme. Leur plumage trompe les mâles noirs qui les confondent aux femelles, et ils sont ainsi autorisés à entrer dans l'arène, où ils peuvent s'accoupler à la sauvette avec les vraies femelles (Figure 47 à droite).

Figure 47. Pendant la danse nuptiale du mâle *Philepitta castanea* (à gauche), une des étapes consiste, chez les mâles adultes au plumage de noce d'un noir brillant, à allonger leurs **caroncules** étroites pour exposer une couleur bleu-vert très vive. Souvent les mâles bien noirs sont entourés d'un certain nombre de femelles et des mâles avec un plumage femelle, mais capables de produire du sperme. L'oiseau illustré ici (à droite) est largement en plumage féminin, mais les plumes noires sur les couvertures alaires indiquent qu'il mue vers le plumage de sexe masculin. (Cliché à gauche par Ken Behrens et cliché à droit par Marie Jeanne Raherilalao.)

Cette espèce a une danse nuptiale intéressante et complexe (135). Le mâle se perche au dessus du lek, sur des branches d'arbres horizontaux ou des lianes à environ 1 à 5 m du sol. La parade est composée de six différentes phases qui sont réalisées suivant une série de : (1) posture érigée, (2) battements des ailes, (3) position horizontale, (4) bec ouvert, (5) acrobaties et bec ouvert, et (6) perchage et sautillements périlleux. Au cours de la position érigée (Figure 48a), le mâle se tient droit en allongeant légèrement le corps, qui est penché en avant, et en érigeant la caroncule brillamment colorée pour exposer la partie bleu clair passant au-dessus de l'œil. Au moment où le corps est en position verticale, le mâle sautille brièvement vers le haut et vers l'avant, et fait quelques manœuvres, puis tout d'un coup, ouvre et ferme les ailes en étalant les rémiges. Cette partie de la parade correspond à la phase de battements des ailes (Figure 48b). Au moment où ces ailes sont maintenues ouvertes, les plumes jaune vif sur les couvertures des ailes rendent une couleur remarquable. La prochaine étape correspond à une élégante posture horizontale (Figure 48c), avec le cou légèrement allongé, ce geste est souvent associé à sa réaction à l'appel d'un autre mâle se trouvant dans les parages. L'oiseau bat alors les ailes une ou deux fois avant de quitter le perchoir. Dans la prochaine étape, durant la phase du bec ouvert (Figure 48d), le mâle se perche avec le bec ouvert, le cou raccourci et serré sur le corps et donne une série de chants. Dans certains cas, le mâle vole d'un perchoir à un autre, à plusieurs reprises, et en appelant sans cesse. La séquence suivante est l'acrobatie avec le bec ouvert (Figure 48e) qui est facultatif si le mâle reste sur le perchoir, il projette le corps vers le bas, avec la queue dans une position verticale, les ailes serrées contre le corps et le bec ouvert. La dernière étape est le perchage accompagné de sauts périlleux, exécutés par deux mâles, et qui est similaire à l'acrobatie avec le bec ouvert, mais les mâles continuent de réaliser des tours complets de 360 degrés sur le perchoir, plutôt que de s'accrocher simplement la tête en bas, et quand ils reviennent à une position verticale, ils recommencent la phase du bec ouvert.

Chez cette espèce, le mâle n'entretient pas un lien de couple permanent avec la femelle pendant la saison de reproduction, sauf au moment de l'accouplement. La construction du nid, l'incubation et les soins parentaux sont entièrement assurés par la femelle (135). Mais en dehors de ce système social complexe **intraspécifique**, les individus de cette espèce s'intègrent aussi dans les rondes **plurispécifiques** (voir p. 110). Chez les autres membres des Philepittinae, comme *P. schlegeli* et *Neodrepanis coruscans*, aucune information concernant le système de **leks** n'est connue, mais ces oiseaux sont en couple du moins pendant la saison de reproduction ; les deux partenaires participent activement à la construction du nid (81). L'espèce *P. schlegeli* a été observée dans une ronde plurispécifique dans la forêt sèche **caducifoliée**.

Les espèces de Mesitornithidae vivent chacune en groupe familial dont

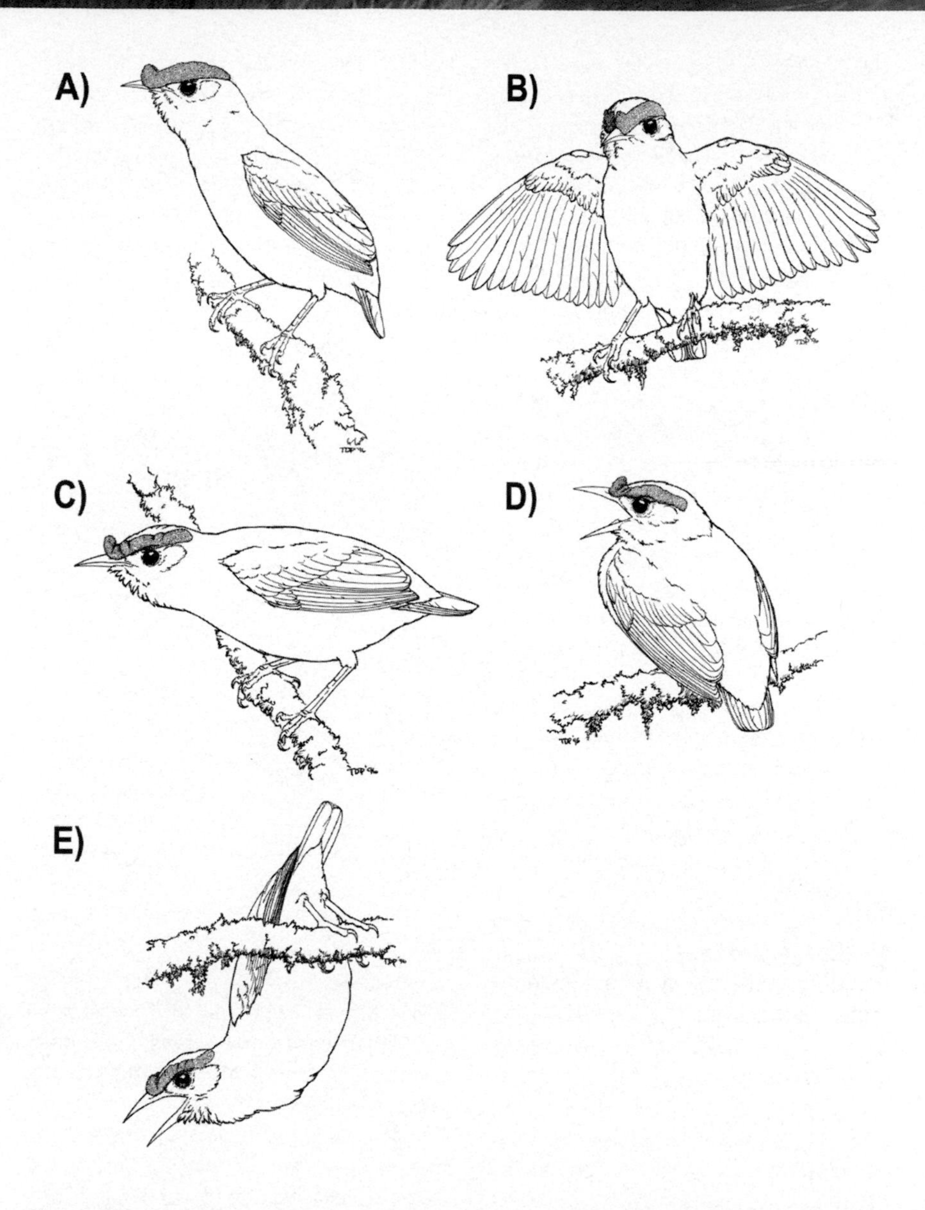

Figure 48. La danse nuptiale de *Philepitta castanea* est remarquablement complexe et intéressante. Elle est composée d'au moins cinq étapes différentes : **A)** posture érigée, **B)** battements des ailes, **C)** position horizontale, **D)** bec ouvert et **E)** acrobaties et bec ouvert. (D'après 135.)

les membres sont issus d'au moins deux générations successives. Peu d'informations sont disponibles sur l'organisation sociale de *Mesitornis* spp. *Mesitornis variegata* vit dans des groupes territoriaux presque exclusivement familiaux en dehors de la période de reproduction (83). Les deux espèces vivent chacune en petit groupe et sont apparemment **monogames**.

Monias benschi est l'espèce la plus étudiée car elle a été suivie sur plusieurs années par Nathalie Seddon et ses collègues dans la région d'Ifaty. Ce dernier cas constitue un exemple détaillé pour montrer l'importance des études sur le terrain et au laboratoire pour révéler des informations remarquables sur l'**histoire naturelle** de certains oiseaux **endémiques** de Madagascar. *Monias benschi* vit en groupe, pouvant compter jusqu'à 10 individus et est rarement solitaire ou par pair, et le groupe fait preuve d'une grande cohésion. Le groupe est dominé par une femelle dans lequel l'effectif des mâles est plus élevé que celui des femelles ; mais la taille et la composition du groupe peuvent changer d'une année à l'autre (99, 165). En cas de danger, les oiseaux s'enfuient rapidement tout en gardant la cohésion du groupe. Pendant la nuit, ils se perchent et dorment ensemble sur une branche horizontale à faible hauteur.

Le groupe chante en chœur et la contribution d'un individu donné semble être liée à son statut au sein du groupe et à son éventuel intérêt sexuel pour certains membres des groupes voisins. Ils ont une manière très complexe de vocaliser, qui dépend du contexte de communication, comme pour maintenir le contact au sein d'une végétation épaisse ou pour défendre des territoires (162, 163). En fait, chez les mésites, le mâle et la femelle du couple chantent une sorte de duo, et la question est de savoir le rôle de ce chant (Figure 49). Plusieurs idées ont été proposées par les biologistes étudiant l'**évolution** du **comportement**, dont : 1) ce duo est un moyen pour défendre le **territoire**, dans ce cas, le signal fort émis par les deux membres d'un couple est envoyé comme un message fort pour signaler que le territoire est occupé, ou 2) le duo est un moyen pour défendre le partenaire, ce qui suppose que l'oiseau qui chante en réponse à son partenaire veut empêcher sa désertion du territoire, et veut repousser les tentatives des rivaux potentiels de prendre le contrôle d'une femelle ou d'un territoire. Les recherches effectuées sur *M. benschi* indiquent que c'est la seconde **hypothèse** qui explique le mieux leur comportement (164).

Une **polyandrie coopérative** fait partie de l'organisation sociale du groupe où une femelle s'accouple avec plusieurs mâles au cours de la période de reproduction. Contrairement à la plupart des autres oiseaux endémiques de Madagascar, la période de reproduction ne suit pas une saison stricte telle que la saison pluvieuse. Plus d'une femelle peuvent pondre dans un même nid. Les femelles et les mâles prennent part à l'incubation au cours de la période de **nidification** et assurent les couvaisons nocturnes. Les mâles du groupe participent également au nourrissage des petits (165).

Figure 49. La communication vocale est importante lors des interactions sociales d'un couple ou d'un groupe d'individus chez les mésites. Un couple de *Mesitornis variegata* en train de chanter une sorte de duo est illustré ici. (Cliché par Ken Behrens.)

Dans les différentes sections de ce livre, nous avons discuté de l'importance de la **génétique moléculaire** pour aider à résoudre les relations **phylogénétiques** des différents groupes d'oiseaux, vis-à-vis de leur **origine** et de leur mode de **spéciation**, qui ont depuis colonisé Madagascar. Ce type d'étude est également très instructif pour comprendre le comportement social des oiseaux. Un bel exemple est trouvé chez *M. benschi*. Pour cette espèce, les mâles vivant au sein de groupes ayant une plus grande diversité génétique (plus **hétérogènes**) que les autres membres ont également eu une plus large gamme de chants pour défendre leur territoire respectif, ainsi que des territoires plus larges (166). Ce qui implique que les femelles ne prennent pas une décision aléatoire pour choisir les mâles, mais elles font des choix spécifiques en acceptant ceux avec un répertoire plus diversifié. Une étude a utilisé les données moléculaires pour comprendre le mode d'accouplement chez cette espèce, dont la reproduction est effectuée par **reproduction coopérative** ; le lien de parenté des jeunes animaux a été également examiné (167). Les résultats ont montré que certains groupes renferment des couples

monogames, c'est-à-dire un seul mâle pour une femelle, tandis que d'autres ont montré une **polygynandrie**, c'est-à-dire le male et la femelle ont chacun plusieurs partenaires sexuels.

Différentes membres des Bernieridae sont également **grégaires**. Les individus de chaque espèce vivent en couple au cours de la période de reproduction et dans un groupe social formé par au moins deux générations successives pendant les périodes après la reproduction. Ces individus restent ensemble même durant la nuit quand ils dorment côte à côte (Figure 50). La taille des groupes varie suivant l'espèce. Quelques exemples peuvent illustrer ce cas : trois à 10 individus chez *Bernieria madagascariensis*, quatre à 20 individus chez *Xanthomixis zosterops*, quatre à 10 individus chez *X. apperti* et trois à 10 individus chez *Oxylabes madagascariensis*. Ces oiseaux sont rencontrés plus couramment dans les groupes **plurispécifiques**.

Les **ornithologues** ont proposé différentes **hypothèses** pour expliquer pourquoi les sub-adultes de ces oiseaux qui sont des « assistants au nid » participent à l'élevage de leurs frères et sœurs, ceci est connu sous le nom de **reproduction communautaire** (177) :

1) Des avantages existent pour les assistants, pour lesquels rester au nid leur permet peut-être d'être protégés des **prédateurs**, ou bien d'acquérir du savoir-faire dont ils auront besoin plus tard quand viendra leur tour pour se reproduire.

Figure 50. Pendant la nuit, des groupes d'oiseaux de la même espèce peuvent être observés étroitement serrés sur les branches et en train de dormir ensemble. L'exemple illustré ici est représenté par *Xanthomixis zosterops*. (Cliché par Achille P. Raselimanana.)

2) Les couvées et progénitures issues des mêmes parents sont entièrement de la même famille que les assistants, ils sont génétiquement aussi proches que leurs propres progénitures. Aider leurs parents devient ainsi aussi productif que si ces jeunes avaient enfanté, et ceci est encore plus vrai avec des parents doués. Cette notion est appelée la **sélection de parentèle** ou « kin selection » en Anglais.
3) Des avantages futurs sont prévus par les assistants, ils hériteront du territoire de leurs parents, cette dernière explication est particulièrement convaincante si les territoires convenables viennent à manquer.

Les recherches sur le terrain sur les différentes espèces de vangas, généralement grégaires et vivant dans une organisation sociale bien établie, ont été utilisées pour tester certaines de ces hypothèses. Chez *Schetba rufa*, les oiseaux forment un couple **monogame**, même si environ un quart à peu près de la moitié des couples ont des aides, qui sont généralement des jeunes mâles nés de mêmes parents qui gardent le territoire et restent sur le territoire où ils sont nés (38). La contribution de ces mâles est très faible pendant la construction du nid et l'incubation. Après l'éclosion, ce sont les parents qui prennent soin de leurs progénitures, mais le rôle des assistants devient plus important pendant le second stade de développement, au cours duquel ce sont les mâles aînés qui participent beaucoup au nourrissage des petits (39). Toutefois, les nids avec assistants ont approximativement le même succès dans la production de jeunes que ceux qui n'en ont pas. Cette recherche soutiendrait alors les hypothèses 1 et 3 ci-dessus.

Les *Falculea palliata* sont très grégaires et vivent souvent en troupes de 10 à 15 individus et quelquefois jusqu'à 30 individus composés d'au moins deux générations. Les parents nourrissent leurs trois ou quatre petits, longtemps encore après qu'ils aient quitté le nid. Ces oiseaux émettent en concert des cris forts et plaintifs répétés plusieurs fois, qui ressemblent aux pleurs d'un nouveau-né. Ils se réunissent pour la nuit, en dortoir pouvant compter jusqu'à 40 individus ou plus (99). Quand *Falculea* se sentent en danger, elles se rassemblent d'une manière agressive en émettant des cris stridents pour intimider le **prédateur**. Lors de la capture au filet, utilisé dans la forêt sèche du Parc National de Tsimanampetsotsa, au Sud-ouest de l'île, un individu de cette espèce était pris dans un filet et pendant toute l'opération pour le libérer, une trentaine d'individus s'étaient groupés tout autour avec des voix stridents répétitifs et des **comportements** dangereusement menaçants.

Leptopterus chabert vit dans les forêts **dégradées** de l'Est et de l'Ouest (Figure 51). Les individus vivent en grand groupe d'une vingtaine d'individus et quelquefois jusqu'à 30. Ils se perchent de préférence en haut des grands arbres d'où ils volent aisément de branche en branche, à la recherche des insectes dont ils se nourrissent.

Figure 51. Les récentes recherches sur le terrain ont révélé différents aspects concernant les systèmes de reproduction des espèces de Vangidae. Dans le cas de *Leptopterus chabert* (à gauche), présenté ici reposant sur son nid, un système de **reproduction coopérative** est utilisé, avec trois à quatre oiseaux qui nourrissent les oisillons. Pour certaines espèces, comme *Xenopirostris polleni* (à droite), également représentée sur son nid, les preuves actuelles indiquent qu'elles utilisent un système **monogame**. (Cliché à gauche par Ken Behrens et cliché à droit par Harald Schütz.)

Pendant la nuit, ils se rassemblent en grand nombre pour dormir sur un arbre isolé dans une clairière. Les récentes recherches sur le terrain sur cette espèce (128) ont montré que ces oiseaux suivent également un système de **reproduction coopérative**, avec trois à quatre individus qui nourrissent les oisillons dans le nid et même après qu'ils aient quitté le nid, ces assistants les protègent également des prédateurs. Chez d'autres espèces de vangas étudiées en détail, comme *Tylas* ou *Calicalicus madagascariensis*, aucune preuve de la reproduction coopérative n'a été relevée (129, 149).

Ronde plurispécifique

Comme brièvement mentionné dans la Partie 1 (voir p. 17), certaines espèces d'oiseaux se regroupent dans des rondes avec plusieurs espèces (**plurispécifiques**). Ces oiseaux cherchent leur nourriture et se déplacent dans une même direction. Ils sont normalement **insectivores** mais peuvent chasser ensemble sans qu'il y ait une **compétition** apparente grâce à leur spécialisation vis-à vis du **régime alimentaire** et du comportement pour rechercher des **proies**. Chaque individu y trouve ses avantages. Certains fouillent les mousses et humus sur les troncs et branches, d'autres explorent le feuillage ou les écorces et fissures, et d'autres encore guettent les proies qui sont dérangées par les mouvements des membres du groupe depuis leur perchoir. En outre, ce mode d'association est avantageux pour chaque membre de la ronde en facilitant la recherche de la nourriture (86). Dans les habitats forestiers par exemple, les insectes qui s'abritent dans le feuillage ou sur les branches et troncs s'envolent rapidement quand ils sont dérangés par les mouvements des oiseaux mettant ainsi à la disposition de ces espèces capable de chasser dans l'air une quantité non négligeable de nourriture disponible. Ce type d'association paraît également bénéfique pour chacun en offrant une meilleure protection contre les **prédateurs**, qui sont facilement repérables par plusieurs individus (184). Une fois les cris d'alarme déclenchés par n'importe quel élément de la troupe en cas d'un danger, tous les membres à leur tour émettent des cris agressifs pour faire fuir le ou les prédateurs.

Pendant certaines saisons, ces oiseaux sont des **territoriaux** mais ils quittent temporairement leur domaine au cours de la ronde. Une bande est généralement dirigée par des chefs de groupe vigilants, possédant des forts cris et semble être constituée par un noyau permanent et des membres occasionnels ou temporaires. Les membres du noyau paraissent se rassembler en un lieu donné, principalement sur les arbres dans une clairière ensoleillée pour les bandes plurispécifiques de **canopée**, où ils se réchauffent au soleil et sont très actifs et bruyants avant le départ. Le brouhaha des oiseaux qui ne s'interrompt pas pendant les déplacements et les chasses facilite la cohésion du groupe. Les espèces temporaires rejoignent progressivement la troupe au cours du déplacement en forêt. En outre, il y a une sorte de séparation au sein du groupe vis-à-vis de la position de chaque espèce, surtout pour les oiseaux qui se nourrissent du même type d'aliment tels que les insectivores.

Deux types de ronde s'observent chez les oiseaux forestiers malgaches : le groupe plurispécifique de **canopée** qui recherche fréquemment leurs proies dans les couronnes des arbres et celui de **sous-bois** fréquentant généralement la moitié inférieure de la strate verticale. La plupart du temps chaque ronde n'est pas exclusive de canopée ou de sous-bois. Les fortes activités et bruits produits par les oiseaux lors de leur déplacement incitent certains individus se trouvant sur leur passage à suivre la ronde même pour un petit bout de chemin. Suivant le niveau de la strate occupée surtout pour les espèces fréquentant la strate moyenne de la forêt, elles peuvent à la fois faire partie de l'une ou de l'autre ronde. Il n'est donc pas étonnant de voir des individus de *Bernieria madagascariensis*, par exemple, soit dans le groupe plurispécifique de sous-bois soit dans celui de canopée.

Groupe plurispécifique de canopée

Le noyau de groupe est généralement formé par des membres de la famille des Vangidae et le « leader » semble être souvent soit *Dicrurus forficatus*, soit *Calicalicus madagascariensis* ou soit *Artamella viridis*. Pour le cas de ce premier, entre le dirigeant et les membres, il y a probablement un certain **mutualisme**. Dès que des petits passereaux trouvent des **proies**, *D. forficatus* qui guette tout ce qui se passe tout autour depuis son perchoir, vole rapidement et dérobe les proies des petits oiseaux ou bien il capture les proies dérangées par les mouvements des membres du groupe. Cette sorte de **compétition** semble être tolérée par les autres car de leur coté, ces derniers paraissent bénéficier d'une protection contre les **prédateurs** potentielles qu'apporte cette espèce. C'est un « leader » vigilant qui ose affronter et pourchasser les **rapaces** malgré sa petite taille.

Outre les éléments du noyau de la troupe, il y a aussi assez souvent d'autres espèces au sein de cette ronde telle que *Coracina cinerea*, *Terpsiphone mutata*, *Bernieria madagascariensis*, *Philepitta castanea* et certaines sont souvent avec un très grand nombre d'individus comme *Neomixis* spp. ou *Zosterops maderaspatana*. Nombreux sont les cas observés qui peuvent être cités mais nous nous contentons de celui trouvé dans la forêt humide **sempervirents** au Nord pour l'illustrer : couples de *D. forficatus*, de *P. castanea*, de *C. cinerea*, d'*Oriolia bernieri* et de *Calicalicus madagascariensis*, quatre individus d'*A. viridis*, trois individus de *T. mutata*, de *Cyanolanius madagascarinus* et de *Pseudobias wardi*, une dizaine de *Z. maderaspatana* et au moins une trentaine de *Neomixis* spp. Au total, plus de 60 oiseaux ont composé cette troupe ! Des groupes plurispécifiques peuvent être également rencontrés dans les forêts sèches **caducifoliées**.

Groupe plurispécifique de sous-bois

Il est formé en grande partie par les espèces exploitant la moitié inférieure de la strate verticale de la forêt dont le noyau est constitué surtout par des membres de la famille de Bernieridae représentés par *Bernieria madagascariensis*, *Xanthomixis zosterops*, *Oxylabes madagascariensis* et d'autres espèces comme *Dicrurus forficatus* qui joue le rôle du « leader ». Mais d'autres font aussi partie des espèces temporaires comme *Terpsiphone mutata*, *Philepitta castanea*, *Nesillas typica*, *Copsychus albospecularis*, *Hartertula flavoviridis* et *Ploceus nelicourvi*. Comme chez les groupes **plurispécifiques** de **canopée**, l'importance de sa taille varie en fonction du nombre d'individus, du nombre d'espèces et le type de forêt dans lequel il évolue.

BAIN DE SOLEIL

Un certain nombre d'espèces d'oiseaux exposent directement leur corps aux rayons du soleil, avec les plumes ébouriffées, les ailes et la queue déployées. Sous les plumes dorsales hérissées, les duvets noirs absorbent l'énergie solaire. La durée de bain de soleil varie de quelques instants à une trentaine de minutes, selon l'intensité du rayonnement solaire et si le plumage est humide, Il est généralement suivi d'une phase de lissage intense des plumes. Il est présumé que ce comportement donne les moyens aux oiseaux de réchauffer leur corps, en particulier dans la fraîcheur de la matinée ou après la pluie. D'autres explications ont également été proposées, tels que l'élimination des **ectoparasites**, le maintien de la condition des plumes ou l'assouplissement de l'inconfort associé à la mue.

De nombreuses espèces d'oiseaux malgaches pratiquent ce **comportement**. Par exemple, différents *Coua* spp. prennent un bain de soleil sur des troncs d'arbres couchés au sol, sur des perchoirs ou sur les arbres. Leur dos est tourné au soleil, les plumes des ailes et la queue bien étalées et légèrement abaissées et les plumes dorsales noires exposées pour absorber l'énergie solaire (Figure 52). Les taches foncées sur le dos jouent vraisemblablement le rôle d'un récepteur thermique capable de capter la chaleur provenant des rayonnements solaires.

Figure 52. Plusieurs espèces d'oiseaux malgaches sont connues pour faire des bains de soleil qui peuvent être observées chez les différentes espèces de couas. Ces photos montrent un *Coua reynaudii* (à gauche) perché sur une branche dans une zone ouverte de la forêt avec ses ailes déployées et ouvertes pour absorber l'énergie solaire (Cliché par Lily-Arison Rene de Roland.) et un *C. cristata* (à droite) dans une position similaire avec les plumes du dos ébouriffées pour exposer les parties les plus sombres sous ces plumes. (Cliché par Ken Behrens.)

MENACES ET AVENIR DES OISEAUX ENDEMIQUES

Déforestation et impacts

Autrefois, Madagascar était décrite comme terre promise des naturalistes mais elle est aujourd'hui classée parmi les pays les plus menacés au monde à cause du rythme de la déforestation. Pourtant cette île abrite une richesse extrême et une **diversité** exceptionnelle de la flore et de la faune largement **endémiques** (174). La croissance démographique galopante associée aux problèmes socio-économiques et politiques à Madagascar ne fait qu'accentuer davantage la situation actuelle déjà précaire du **patrimoine naturel** de l'île. Sa **biodiversité**, y compris les oiseaux endémiques, n'a jamais connu dans des temps géologiques récents un aussi grand changement qu'aujourd'hui. Plusieurs facteurs sont à l'origine de ce changement, mais seules quelques causes majeures ont engendré la destruction à grande échelle des **habitats** naturels et qui ont modelé ainsi la **communauté** aviaire actuelle.

Etant donné que la majorité des malgaches sont des paysans dont la survie dépend essentiellement de l'agriculture et de l'élevage (**subsistance**), chaque année, de vastes surfaces forestières disparaissent à cause de la pratique de la culture sur brûlis (*tavy*) surtout pour le riz et le maïs ; non seulement dans les forêts **sempervirentes** orientales mais aussi dans les forêts sèches **caducifoliée** de l'Ouest. Les zones de bas-fonds sont les plus touchées dans la partie centrale et orientale de l'île et actuellement, il est rare de rencontrer des forêts de basse altitude même dans le système des aires protégées. Dans le **biome** sec, la forêt **épineuse** du Sud-ouest est aussi exploitée. Par cette pratique, seules les zones les plus inaccessibles sont épargnées. Dans certain cas, même les aires protégées ont fait l'objet d'une destruction. En outre, les feux de brousse répétitifs destinés au pâturage ou à la culture sur brûlis ou simplement causés par des incendies volontaires qui ravagent chaque année des milliers d'hectares de savane et de surface forestière ne font qu'empirer davantage la destruction forestière.

Les exploitations sélectives ont aussi largement contribué à la déforestation et à la perte des habitats naturels pour les espèces **sylvicoles**. Les bois sont utilisés pour l'industrie, la construction, et surtout pour le besoin en charbon et en bois de chauffe. Sur les 7 856 000 m^3 de bois rond exploités chaque année dans toutes les forêts de Madagascar, seulement 807 000 m^3 sont destinés à l'usage industriel tandis que la plus grande partie sert pour la fabrication du charbon (41, 174). Bien que des *Eucalyptus*, un arbre provenant de l'Australie et **introduit** à Madagascar, soient utilisés pour les besoins en bois, une grande partie de ces produits sont directement extraites de la forêt naturelle étant donné que les **populations** ont une préférence particulière pour les bois forestiers aussi bien pour la construction que pour le charbon.

Depuis le début de la crise politique à Madagascar en 2009 jusqu'à aujourd'hui, l'exploitation massive des arbres de grande taille, principalement des bois précieux tels que les palissandres et le bois de rose, le rythme de la perte de la diversité biologique est sans précédent au cours de ces dernières décades. La campagne 2009 de bois précieux à Madagascar représente au minimum 52 000 tonnes de bois précieux abattu, venant de 100 000 arbres de bois de rose et d'ébène dont plus de 60 000 situés dans les aires protégées, ce qui représente au minimum 4 000 ha de parc et 10 000 ha de forêt intacte non-classée, ayant fait l'objet d'une coupe sélective (152). Plus 500 000 autres arbres et des dizaines de milliers de lianes ont été coupés pour faciliter le transport de bois précieux. Parmi les zones les plus exploitées pour ces bois précieux sont les Parcs Nationaux de Masoala et de Marojejy alors que ces forêts servent d'habitats naturels préférentiels pour un grand nombre d'espèces typiquement forestières tels qu'*Euryceros prevostii* et *Oriolia bernieri* (Figure 53).

A partir de ces divers facteurs, une réduction de 33% de tous les types de végétation primaire a été relevée depuis 1970. Entre 1990 et 2000, la réduction de la couverture des forêts humides **sempervirentes** s'élève à plus de 6% et celle des forêts sèches à 7% en moyenne (122). Dans la région occidentale, la réduction de la surface des forêts **épineuses** est estimée à plus de 8,5%. Ainsi, ces différentes pratiques provoquent annuellement une perte biologique inestimable aussi bien des habitats naturels que de la biodiversité. Pour les oiseaux, six formes forestières **dépendantes** sont connues comme totalement éteintes (*Monias* sp., *Coua berthae*, *C. delalandei*, *C. primavea*, *C. cristata maxima* et *Brachypteracias langrandi*) et toutes les espèces forestières ont connu une réduction de leur aire de distribution et une modification de la qualité de leur habitat naturel.

La **fragmentation** forestière constitue aussi une menace pour l'**avifaune** malgache et pour la biodiversité en général. Ce phénomène combiné à la déforestation a engendré des paysages modifiés. Le cas des Hautes Terres centrales où s'observent des reliquats de petits fragments forestiers et des ***lavaka*** au sein des vastes régions savanicoles témoigne les impacts de cette fragmentation. Des informations sur les effets de ce phénomène sur les oiseaux ont montré que le nombre d'espèces diminue au fur et à mesure de la réduction de la surface d'un fragment et elle pourrait entraîner une extirpation locale. Ce sont les espèces forestières **dépendantes** et endémiques qui sont les plus vulnérables (64, 102, 141) et

Figure 53. La récente exploitation massive des arbres de grande taille, principalement les bois précieux tels que les palissandres et le bois de rose dans les forêts de Nord-est de Madagascar, pose des problèmes majeurs pour le maintien de la survie des espèces localement **endémiques**. Un bon exemple est le cas d'*Oriolia bernieri*, une espèce présentant notamment un **dimorphisme sexuel** dont le mâle est avec un plumage entièrement noir (à gauche) et la femelle rougeâtre-brun (à droite). (Clichés par Nick Athanas.)

ce sont les espèces **généralistes** ou celles des habitats ouverts comme *Hypsipetes madagascariensis* et *Foudia madagascariensis* qui envahissent les petits îlots forestiers.

Dans le cas de la Réserve Spéciale d'Ambohitantely qui est une aire protégée très fragmentée (Figure 39), plusieurs espèces endémiques au **niveau supérieur** devraient normalement se trouver dans la forêt mais elles ne sont plus représentées dans cette réserve, entre autres *Mesitornis unicolor*, *Atelornis crossleyi*, *Brachypteracias leptosomus* et *Neodrepanis hypoxantha*. Alors que ces espèces se rencontrent dans la forêt d'Anjozorobe, un bloc forestier relativement grande sur les Hautes Terres centrales à l'Est d'Ambohitantely, qui était encore récemment connectée avec la grande forêt orientale.

En résumé, l'état actuel de l'avifaune malgache et la biodiversité en général est le résultat de différents phénomènes qui se sont succédé au cours du temps et les menaces **anthropiques** ont vraiment joué un rôle primordial.

L'avenir

Un grand nombre d'espèces des familles et des sous-familles **endémiques** sont classées « Quasi-menacées » et « Menacées » (89 ; Tableaux 2 et 3). Elles représentent plus de 45 % de l'ensemble de toutes les espèces ayant un statut de conservation de l'IUCN et *Coua delalandei* (Figure 22) est considérée comme éteinte. En outre, nombreuses sont les espèces déjà éteintes tels sont les cas de tous les membres de la famille des Aepyornithidae (estimés a huit espèces) et d'autres espèces (Tableaux 3 et 7).

Récemment, les initiatives pour augmenter la surface des aires protégées à Madagascar ont fait accroître la représentativité des espèces au sein du système des aires protégées. Par exemple, depuis 2006 avec la création du Parc National de Mikea où se rencontrent *Monias benschi* et *Uratelornis chimaera*, deux espèces endémiques « Menacées » et aussi restreintes dans la région, sont représentées dans ce parc.

Les initiatives associées aux efforts de différents projets de conservation réalisés par les organismes non-gouvernementaux, institutions gouvernementaux et associations jouent en faveur de la conservation des oiseaux malgaches et de la **diversité** biologique. Mais la non-application des lois en vigueur sur l'utilisation des ressources naturelles, la défaillance du système judiciaire, la déforestation croissante, les feux de brousse annuels et les rebondissements répétitifs des crises socio-économiques et politiques à Madagascar n'assureront pas une conservation à long terme de la plupart de ces espèces, surtout celles à distribution restreinte. Face aux dangers qu'encourt la biodiversité malgache qui constitue une partie du **patrimoine naturel** mondial, elle doit faire l'objet d'une préoccupation majeure car avec sa réduction, le monde entier va perdre un des **biotes** les plus uniques de la planète (Figure 54).

Figure 54. Au cours des dernières décennies, des progrès remarquables ont été faits dans l'étude de l'**histoire naturelle** des oiseaux **endémiques** de Madagascar. Les informations extraordinaires récoltées concernant *Philepitta castanea* en témoignent. Le mâle, après la saison de reproduction (sur la photo), présente une **caroncule** réduite et un plumage dont l'usure donne des auréoles jaunes. Une des questions fondamentales qui nous préoccupe est de savoir jusqu'où la destruction de l'habitat forestier restant de Madagascar et la perte progressive de la **biodiversité** malgache vont-ils aller et combien de temps resterait-t-il pour ces bijoux uniques d'ornementer notre Grande île ? (Cliché par Harald Schütz.)

Glossaire

A

Adaptation : état d'une espèce qui la rend plus favorable à la reproduction ou à l'existence sous les conditions de son environnement.

ADN : acide désoxyribonucléique, et constitue la molécule support de l'information génétique héréditaire.

Allogène : étranger, non-autochtone et souvent utilisé pour les espèces introduites.

Allopatrique (allopatrie) : ayant une aire de répartition propre et différente de celle des taxa voisins.

Anatomique : relatif à la structure du corps.

Ancêtre : tout organisme, population ou espèce à partir duquel d'autres organismes, populations ou espèces sont nés par reproduction.

Ancien Monde : dénomination d'un ensemble de régions, composé de l'Europe, de l'Asie et de l'Afrique.

Angiospermes : plantes à fleurs, et donc végétaux qui portent des fruits.

Anthropogénique (anthropique) : effets, processus ou matériels générés par les activités de l'homme.

Aphylles : qui n'a pas de feuilles.

Arboricole : qui vit sur les arbres.

Arbre phylogénétique : figure schématique qui montre les relations de parentés entre des taxons ou clades supposés avoir un ancêtre commun.

Archipel : groupe d'îles ou ensemble d'îles proches au milieu d'un océan, le plus souvent nées d'une même formation géologique.

Arène : espace où les mâles de certains oiseaux se réunissent pour s'affronter ou parader devant les femelles en vue de l'accouplement.

Aridification : diminution de la teneur en humidité du sol provoquant une sècheresse extrême.

Arthropode : animal segmenté, pourvu d'un exosquelette et d'appendices joints, appartenant au phylum Arthropoda. Les insectes, les araignées, les scorpions, les mille-pattes, les écrevisses, les crabes, les trilobites et de nombreux autres groupes sont tous des arthropodes.

Atmosphère : couche gazeuse qui contient d'oxygène et enveloppe notre planète. Sans notre atmosphère, nous ne pourrions vivre sur Terre.

Autochtone : espèce que l'on trouve naturellement dans un endroit.

Avifaune : ensemble des espèces d'oiseaux dans un lieu donné.

B

Biodiversité : qui se réfère à la variété ou à la variabilité entre les organismes vivants et les complexes écologiques dans lesquels se trouvent ces organismes.

Bio-indicateur (indicateur biologique) : qui qualifie un organisme ou ensemble d'organismes qui permet de caractériser l'état d'un écosystème et de mettre en évidence aussi précocement que possible leurs modifications, naturelles ou provoquées.

Biomasse : masse totale d'organismes vivants dans un biotope donné à un moment donné.

Biome : vaste entité biogéographique définie par ses caractéristiques climatiques et ses populations végétales et animales.

Biote : ensemble des êtres vivants (faune et flore) d'une région ou d'une période géologique.

Biotope : ensemble d'éléments caractérisant un milieu physico-chimique déterminé et uniforme qui héberge des populations d'animaux et de plantes.

Bipède : animal qui marche sur deux pattes.

« Bird-watchers » : ornithologue amateur.

C

Caducifoliée (caduque) : les forêts caducifoliées sont constituées des plantes qui perdent la majorité de leurs feuilles au cours de la saison sèche.

Camouflage : action de fondre dans l'environnement.

Canopée : couche supérieure de la végétation par rapport au niveau du sol, généralement celle des branches d'arbres et des épiphytes. Dans les forêts tropicales, la canopée peut se situer à plus de 30 m au-dessus du sol.

Carnivora : ordre de la classe des mammifères qui possèdent, en général, de grandes dents pointues, des mâchoires puissantes et qui chassent d'autres animaux.

Carnivore : organisme qui mange de la viande.

Caroncule (barbillons) : petite protubérance, charnue de couleur vive et située près du bec, ornant le front, la gorge ou les sourcils.

Chaîne trophique : une suite d'êtres vivants dans laquelle chacun mange celui qui le précède.

Clade : groupe d'espèces qui partagent des caractéristiques héritées d'un ancêtre commun.

Classification : acte d'attribuer des classes ou catégories à des éléments de même type.

Cline : gradient de changement morphologique ou physiologique dans un groupe d'organismes liés généralement le long d'une ligne de transition environnementale ou géographique.

Coévolution : évolution simultanée de deux espèces d'animales ou plantes.

Colonisation : occupation d'une région donnée par une ou plusieurs espèces.

Coloniser : établir une population ou colonie. Dans le contexte de Madagascar, la colonisation originale par les oiseaux est associée avec des traversées du canal de Mozambique ou l'océan Indien.

Communauté : interaction d'organismes partageant un environnement commun.

Compétition : rivalité entre espèces vivantes pour l'accès aux ressources du milieu.

Comportement : désigne les actions d'un être vivant, comme l'ensemble des réactions (mouvements, modifications physiologiques, expression verbale, etc.) d'un individu dans une situation donnée.

Convergent : qui se dit des similarités retrouvées indépendamment chez deux ou plusieurs organismes qui n'ont pas un ancêtre proche.

Coureur : qui désigne un animal qui est habile à la course.

Crépusculaire : qui désigne un organisme actif pendant les périodes de fin d'après-midi et au petit matin.

Cryptique : qui se dit un groupe d'espèces qui satisfont certaines définitions de l'espèce (définition biologique ou phylogénétique), indiquant une divergence ancienne, mais qui ne sont pas distinguables d'un point de vue morphologique.

Cycle annuel : ensemble de phases biologiques d'un organisme au cours d'une année.

Cycle biologique : ensemble de phases de la vie d'un organisme : de spore à spore pour un végétal, de graine à graine pour les plantes ou encore d'œuf à œuf pour les animaux.

D

Dégradation : détérioration du couvert végétal dans une forêt déterminée. Les causes peuvent être d'origine naturelle, comme les cyclones, ou d'origine humaine comme la déforestation, les feux de brousse ou la surexploitation des champs agricoles.

Dépendent : qui dépend de quelque chose, comme certains facteurs écologiques.

Dessiccation : action de dessécher, souvent associé avec le changement climatique.

Dialecte : langage particulier à une région.

Différenciation génétique : diversité au niveau des gènes.

Dimorphisme sexuel : cas pour une espèce lorsque le mâle et la femelle ont un aspect différent (forme, taille, couleur).

Dinosaures : reptile de tailles différentes qui ont vécu à l'ère secondaire ou Cénozoïque.

Dispersion : dissémination des individus d'une espèce, souvent à la suite d'un évènement majeur de reproduction. Les organismes peuvent se disperser comme les graines, les œufs, les larves ou en tant qu'adultes.

Dissémination : acte d'éparpiller ou de diffuser quelque chose aux alentours.

Diurnes : qui se dit d'un organisme actif pendant le jour.

Divergence : évolution différente entre deux populations d'une même espèce.

Divergent : qui diverge ou qui évolue séparément.

Diversification : action de diversifier, dans le contexte des espèces.

Diversité : terme utilisé pour désigner le nombre de taxa donnés.

Domestique : qui se rapport à un animal faisant l'objet d'une pression de sélection continue et constante, normalement dans le contexte d'élevage en captivité, c'est-à-dire qui a fait l'objet d'une domestication.

E

Ecologie (écologique) : science des relations des organismes avec le monde environnant.

Ecosystème : tous les organismes trouvés dans une région particulière et l'environnement dans lequel ils vivent. Les éléments d'un écosystème interagissent entre eux d'une certaine façon, et de ce fait dépendent les uns des autres directement ou indirectement.

Ectoparasites : parasite externe vivant sur la surface corporelle d'un être vivant.

Endémique : organisme natif d'une région particulière et inconnu nulle part ailleurs.

Epineuse (bush épineux) : qui qualifie l'habitat du domaine du Sud constitué généralement par des broussailles caducifoliées et des fourrés épineux.

Epiphyte : plante qui se fixe sur d'autres sans pour autant se comporter en parasite.

Etymologie : origine d'un mot.

Evolution : déroulement des évènements impliqués dans le développement évolutif d'une espèce ou d'un groupe taxonomique d'organismes.

Exotiques (introduite) : qui se dit une espèce non originaire d'une région.

Extinction : disparition totale d'une espèce.

F

Fécondation : stade de la reproduction sexuelle consistant en une fusion des gamètes mâle et femelle en une cellule unique nommée zygote.

Flux génétique : échange de gènes par reproduction sexuée ou mouvement de gènes entre les populations.

Fonctions écologiques : principaux processus impliqués dans le fonctionnement et la production écologiques et écosystémiques.

Forêt littorale : forêt se développant sur une rive sablonneuse en dessus de la ligne des marées hautes et/ou en dessous de cette ligne, et elle est ainsi sous l'influence des marées.

Forêt secondaire : forêt qui a repoussé après avoir été détruite (par exemple par l'agriculture sur brûlis) ou exploitée par l'homme.

Fossile : reste minéralisé d'un animal ou d'une plante ayant existé dans un temps géologique passé.

Fossilisation : transformation d'un corps, particulièrement les os, en état de fossile.

Fragmentation : destruction ou altération des habitats par l'Homme, qui sont des causes majeures de perturbation d'espèces et de régression de la biodiversité.

Frugivore : qui se dit d'un animal dont le régime alimentaire est à base de fruits.

G

Géologiste (géologue) : spécialiste de la géologie ou science de la terre.

Généraliste : qui se dit d'un animal qui n'est pas spécialisé vis-vis du régime alimentaire ou des autres aspects de leur histoire naturelle.

Génétique : discipline de la biologie qui implique la science de l'hérédité et les variations des organismes vivants. Avec des termes plus simples, la science de l'hérédité.

Génétique moléculaire : recherche qui concerne la structure et l'activité d'un matériel génétique au niveau moléculaire.

Germination : développement du germe, transformation de la graine en plante.

Glaciation : période durant laquelle la quantité de glace stockée à la surface du globe est supérieure à la normale.

Glacier : masse de glace formée par l'accumulation de la neige pendant la glaciation, entité géologique résultant de l'accumulation de glaces dans une vallée.

Gondwana : supercontinent qui a existé du Cambrien jusqu'au Jurassique, composé essentiellement de l'Amérique du Sud, de l'Afrique, de Madagascar, de l'Inde, de l'Antarctique et de l'Australie.

Granivore : qui se dit animal dont le régime alimentaire est à base de graines.

Grégaire : se dit d'un animal qui vit en groupe, mais sans structure sociale.

Grimpeur : qui se rapporte à un oiseau apte à grimper sur les arbres.

Groupe sœur (« sister group ») : groupe monophylétique plus étroitement lié au groupe en question, par rapport à d'autres groupes.

H

Habitat : endroit et conditions dans lesquels vit un organisme.

Hétérogène : constitué d'éléments de nature différente comme la structure de la forêt ou la variation génétique.

Hiérarchie : subordination des rangs.

Histoire évolutive : à l'échelle des temps géologiques, l'évolution conduit à des changements morphologiques, anatomiques, physiologiques et comportementaux des espèces. L'histoire des espèces peut ainsi être écrite et se représente sous la forme d'un arbre phylogénétique.

Histoire naturelle : sciences naturelles qui concernent les observations et les études dans la nature, sur les animaux, les plantes et les minéraux.

Holotype : spécimen de référence attaché à un nom scientifique, à partir duquel un taxon ou une espèce a été décrite.

Hybridation : mélange de deux formes ou espèces distinctes.

Hypothèses : supposition à partir de laquelle on construit un raisonnement.

I

Insectivore : organisme qui consomme principalement des insectes.

Interspécifique : désigne tout ce qui se rapporte aux relations entre les différentes espèces.

Intraspécifique : désigne tout ce qui se rapporte aux relations entre individus d'une même espèce.

Introduit : organisme non originaire d'un endroit donné mais ramené d'un autre, exotique.

Invertébré : animal sans colonne vertébrale, comme les insectes.

K

Kératine : protéine utilisée par de nombreux êtres vivants comme élément de structure, comme les chevaux ou plumes.

L

Lavaka **:** mot en malgache qui signifie littéralement « grand trou » et qui est utilisé pour décrire des ravines profondes aux parois très abruptes, taillées dans un sous-sol (suivant du sol latéritique) et associé avec l'érosion.

Leks : aire de parade, qui réunit des mâles de certaines espèces animales, dans une compétition de séduction afin de déterminer les prérogatives pour l'accouplement avec les femelles de la même espèce.

Lignée : branche, descendance ou filiation.

Lisière : zone de transition entre un milieu forestier et un milieu ouvert.

Locomotion : action, faculté de se mouvoir d'un lieu à un autre.

M

Métapopulation : groupe de populations d'individus d'une même espèce, séparées spatialement ou temporellement.

Microendémique : organisme natif d'une région particulière et avec une répartition géographique très limitée.

Microhabitat : combinaison spécifique des éléments d'un habitat au niveau de l'endroit occupé par un organisme.

Microscopique : très petit, minuscule ou imperceptible, et qui est visible seulement au microscope.

Migrateur : qui qualifie un organisme qui fait une migration. Par exemple, les espèces nicheuses eurasiennes qui passent l'hiver boréal en Afrique et migrent à Madagascar en été.

Minéralisation : transformation d'une substance organique (os) en substance minérale (fossile).

Monogame : un individu ayant un seul partenaire sexuel.

Monophylétique : terme appliqué à un groupe d'organismes composés du plus récent ancêtre commun de tous les membres et des descendants. Un groupe monophylétique est également appelé un clade.

Monospécifique (monotypique) : se dit d'un genre qui n'est représenté que par une espèce.

Morphologie : aspect et structure qui concernent généralement les formes, les éléments et l'arrangement des caractéristiques des organismes vivants et fossiles.

Muséologique : qui est conservé dans un musée ou dans des lieux qui hébergent les collections de référence.

Mutualisme : relation durable entre deux espèces ou deux populations, avantageuse pour les deux.

N

Nectarivore : animal qui se nourrit essentiellement de nectar et pollens de fleurs.

Niche écologique : place et spécialisation d'une espèce à l'intérieur d'un peuplement ou ensemble des conditions d'existence d'une espèce animale (habitat, nourriture, comportement de reproduction, relation avec les autres espèces).

Nidification : construction d'un nid par les oiseaux.

Niveau supérieur : classification taxonomique qui concerne généralement un niveau supérieur au genre.

Nocturne : se dit d'un organisme actif pendant la nuit.

Non-passereaux : oiseau appartenant à un ordre autre que les Passeriformes.

Nouveau Monde : dénomination de l'Amérique (du Nord, Centrale et du Sud).

O

Omnivore : qui se nourrit d'aliments variés d'origine animale ou végétale.

Origine : principe d'où une chose provient.

Ornementation : utilisé comme un dispositif de signalisation, tels que des plumes spéciales, barbillons ou caroncules ; action de créer une hiérarchie de dominance chez les mâles, généralement sans blessures excessives ou fatalité.

Ornithologiste (ornithologue) : spécialiste de l'ornithologie ou de la science des oiseaux.

Orographique : qui a rapport à l'orographie, partie de la géographie qui traite du relief terrestre, ce qui se rapporte au relief.

P

Paléontologiste : spécialiste de la paléontologie ou de la science des fossiles.

Paraphylétique : terme appliqué à un groupe d'organismes composés par le plus récent parent commun à tous les membres, et une partie mais non la totalité des descendants de ce plus récent parent commun.

Parasite : animal ou plante qui vit ou croît sur un autre corps organisé aux dépens de la substance de celui-ci.

Passereau (passereaux) : membre de l'ordre des Passeriformes.

Patrimoine naturel : monuments naturels constitués par des formations physiques et biologiques ou par des groupes de telles formations qui ont une valeur nationale ou universelle exceptionnelle du point de vue esthétique ou scientifique.

Perturbation : événement ou série d'évènements qui bouleversent la structure d'un écosystème, d'une communauté ou d'une population et altèrent l'environnement physique.

Phénotypique : qui se dit d'un état d'un caractère observable (anatomique ou morphologique) chez un organisme vivant.

Phylogénétique : étude de la relation évolutive au sein de différents groupes d'organismes, comme les espèces ou les populations.

Phylogénie : relations au sein des organismes, particulièrement les aspects des branchements des lignées induits par une véritable histoire évolutive.

Physiologie : rôle, fonctionnement et organisation mécanique, physique et biochimique des organismes vivants et de leurs composants organes, tissus, etc. et étude des interactions entre un organisme vivant et son environnement.

Plurispécifique (« multi-species flocks ») : qui est formé par plusieurs individus appartenant à différentes espèces.

Pollinisateur : animal qui apporte le pollen d'une plante à fleurs à une autre et qui contribue à la reproduction de la plante.

Pollinisation : transport des grains de pollen (élément mâle) sur le pistil (élément femelle) de la fleur pour assurer la fécondation. Ce transport est effectué par le vent, les insectes ou d'autres animaux.

Polyandrie coopérative : couvée mixte élevée par une femelle et par plusieurs mâles.

Polygame : qui se rapporte à un système de reproduction par lequel un seul mâle féconde plusieurs femelles.

Polygynandrie : le mâle et la femelle ont chacun plusieurs partenaires sexuels.

Population : organismes appartenant à la même espèce et trouvés dans un endroit particulier à un moment donné.

Précipitation : formes variées sous lesquelles l'eau contenue dans l'atmosphère tombe à la surface du globe (pluie, neige, grêle).

Prédateur (prédation) : organisme vivant qui met à mort des proies pour s'en nourrir ou pour alimenter sa progéniture.

Processus évolutif : différentes étapes de l'évolution.

Proie : organisme chassé et mangé par un prédateur.

R

Rabougri : qui qualifie une plante qui n'est pas venue à sa perfection et à sa juste grandeur.

Radiation adaptative : désigne les divergences adaptatives que l'on observe à l'intérieur d'un même groupe monophylétique d'êtres vivants en fonction du type de niche écologique qu'ils occupent.

Radiocarbone : méthode de datation absolue la plus couramment utilisée en archéologie et en paléontologie d'Holocène. Cette méthode repose donc sur le cycle de vie d'un des isotopes du carbone 14.

Rapace : tout oiseau qui chasse d'autres animaux.

Ratite:oiseaud'origineGondwanienne, avec des pattes robustes et des ailes rudimentaires, incapable de voler.

Refuge : lieu isolé où les organismes sont exempts de pressions naturelles ou causées par l'homme.

Régénération : capacité d'un milieu forestier à se reconstituer par des processus naturels, comme la dispersion des graines par les oiseaux.

Régime alimentaire : aliments consommés par un organisme.

Reproduction communautaire (coopérative) : système social où des individus autres que les parents naturels procurent les soins aux jeunes.

Résilience : capacité d'une espèce à se développer ou à vivre et à se reconstruire après les impacts des différents facteurs du milieu, degré de résistance d'une espèce soumise à des impacts du milieu.

S

Sédentaire : qui a un mode de vie caractérisé par des déplacements de faible distance.

Sélection de parentèle (« kin selection ») : théorie permettant d'expliquer l'apparition, au cours de l'évolution, d'un comportement altruiste chez des organismes vis-à-vis d'autres organismes. Elle affirme, qu'en général, les instincts altruistes augmentent avec l'apparentement sous l'effet de la sélection naturelle.

Sélection naturelle : survivance des espèces animales les mieux adaptées et parviennent à survivre et proliférer et les caractères qui font la force d'une espèce étant transmissibles par l'héritage génétique.

Sempervirente (humide) : formation végétale dont le feuillage demeure présent et vert tout au long de l'année.

Sous-bois : espace sous les arbres d'une forêt.

Spécialiste : qui se rapporte à organisme qui a adopté un style de vie spécifique sous un ensemble de conditions particulières.

Spéciation : processus évolutif par lequel une nouvelle espèce biologique apparaît.

Spéciation naissante : premières étapes d'un processus d'évolution.

Spécimen : individu, normalement un échantillon muséologique, représentatif de son espèce.

Subfossile : restes osseux encore non minéralisés comme pour un vrai fossile, formés dans un passé géologique récent.

Suboscine : sous-ordre de l'ordre des Passeriformes caractérisé par un syrinx simple et d'autres aspects anatomiques et comportementaux.

Subsistance : action ou fait de se maintenir à un niveau minimum.

Sylvicole : qui habite les forêts.

Sympatrique (sympatrie) : qui qualifie deux ou plusieurs organismes qui coexistent dans un même endroit sans s'hybrider.

Syrinx : organe au fond de la trachée chez les oiseaux, qui leur permet d'émettre des vocalises.

Systématique : science qui étudie la classification des organismes vivants ou morts.

T

Taxon : unité taxonomique ou catégorie d'organismes : sous-espèce, espèce, genre, etc. (Pluriel : taxa ou taxons).

Taxonomie : science ayant pour objet la désignation et la classification des organismes.

Tectonique : étude des structures géologiques d'une grande échelle, telles les mouvements des plaques et des mécanismes qui en sont responsables.

Temps géologique : périodes pendant lesquelles sont survenus les différents évènements de l'histoire de la Terre.

Terrestre : qui appartient à la terre, comme les animaux terrestres.

Territoire : espace que s'approprie un individu, un couple ou un petit groupe d'une espèce donnée afin de s'assurer l'exclusivité d'usage des ressources locales disponibles.

Trophique : Qui se rapporte à la nutrition le corps des animaux, particulièrement des tissus.

U

Ultraviolet : se dit des radiations invisibles de longueur d'onde inférieure à la limite de visibilité et placées à l'extrémité du violet du spectre.

V

Végétation éricoïde : formation végétale arbustive formée essentiellement par des plantes du genre *Erica* à Madagascar.

Vernaculaire : qui qualifie d'un nom commun propre à une région ou à un groupe ethnique.

Vertébré : animaux possédant surtout un squelette osseux ou cartilagineux interne, qui comporte en particulier une colonne vertébrale composée de vertèbres.

Viande de brousse (gibier) : animaux sauvages que l'on chasse pour en consommer ou vendre la viande.

Vicariantes : qui se dit des taxons étroitement apparentés qui existent chacun dans une zone géographique séparée. Ils sont supposés provenir d'une seule population et qui sont ensuite dispersés à cause d'événements géologiques.

Z

Zones de refuge : lieux où les organismes sont exempts des pressions naturelles ou causées par l'homme.

Zoochorie : dispersion des graines par les animaux.

Bibliographie

1. **Amadon, D. 1947**. An estimated weight of the largest known bird. *Condor*, 49: 159-164.
2. **Amadon, D. 1951**. Le pseudo-souimanga de Madagascar. *Revue française pour l'Ornithologie*, 21: 59-63.
3. **Amadon, D. 1979**. Philepittidae. In *Checklist of the birds of the world*, ed. M. A. Traylor, pp. 330-331. Museum of Comparative Zoology, Cambridge, Massachusetts.
4. **Andrews, C. W. 1897**. On some fossil remains of carinate birds from central Madagascar. *Ibis*, 7th series, 3: 343-359.
5. **Andriamasimanana, H. R. 1999**. Etude des effets des feux sur le peuplement des oiseaux dans la forêt sèche de la Réserve Naturelle Intégrale d'Andohahela. Mémoire de Diplôme d'Etudes Approfondies, Département de Biologie Animale, Université d'Antananarivo, Antananarivo.
6. **Andrianarimisa, A., Bachmann, L. Ganzhorn, J. U., Goodman, S. M. & Tomiuk, J. 2000.** Effects of forest fragmentation on genetic variation in endemic understory forest birds in central Madagascar. *Journal für Ornithologie*, 141: 152–159.
7. **Andriatsimietry, R., Goodman, S. M., Razafimahatratra, E., Jeglinski, J. W. E., Marquard, M. & Ganzhorn, J. U. 2009**. Seasonal variation in the diet of *Galidictis grandidieri* Wozencraft, 1986 (Carnivora: Eupleridae) in a sub-arid zone of extreme south-western Madagascar. *Journal of Zoology*, 279: 410–415.
8. **Appert, O. 1968**. Beobachtungen an *Monias benschi* in Südwest-Madagaskar. *Journal für Ornithologie*, 109: 402-417.
9. **Appert, O. 1968**. Zur Brutbiologie des Erdracke *Uratelornis chimaera* Rothschild. *Journal für Ornithologie*, 109: 264-275.
10. **Appert, O. 1968.** Neues zur Lebensweise und Verbreitung des Kurols, *Leptosomus discolor* (Herman). *Journal für Ornithologie*, 109: 116-126.
11. **Battistini, R. 1965**. Sur la découverte de l'*Aepyornis* dans le Quaternaire de l'Extrême-Nord de Madagascar. *Compte Rendus Sommaire des Séances de la Société Géologique de France*, 5: 174-175.
12. **Benson, C. W., Colebrook-Robjent, J. F. R. & Williams, A. 1976**. Contribution a l'ornithologie de Madagascar. *L'Oiseau et la Revue française d'Ornithologie*, 46: 209-242.
13. **Berger, R., Ducote, K., Robinson, K. & Walter, H. 1975**. Radiocarbon date for the largest extinct bird. *Nature*, 258: 709.
14. **Betsch, J.-M. 2000.** Types de spéciation chez quelques collemboles Symphypleones Sminthuridae (Apterygotes) de Madagascar. Dans *Diversité et Endémisme à Madagascar*, eds. W. R. Lourenço & S. M. Goodman, pp. 295-306. Mémoires de la Société de Biogéographie, Paris.
15. **Bock, W. J. 1994.** History and nomenclature of avian family-group names. *Bulletin of the*

American Museum of Natural History, 222: 1-281.

16. **Bourlière, F. 1953**. *Vie et mœurs des oiseaux*, nouvelle edition. Horizons de France, Paris.
17. **Brodkorb, P. 1965**. New taxa of fossil birds. *Quarterly Journal of the Florida Academy of Sciences*, 28: 197-198.
18. **Buckley, G. A., Brochu, C., Krause, D. W. & Pol, D. 2000**. A pug-nosed crocodyliform from the Late Cretaceous of Madagascar. *Nature*, 405: 941-944.
19. **Burney, D. A. 1997**. Theories and facts regarding Holocene environmental change before and after human colonization. In *Natural change and human impact in Madagascar*, eds. S. M. Goodman & B. D. Patterson, pp. 75-89. Smithsonian Institution Press, Washington, D. C.
20. **Burney, D. A. 1999**. Rates, patterns, and processes of landscape transformation and extinction in Madagascar. In *Extinctions in near time*, ed. R. D. E. MacPhee, pp. 145-164. Kluwer Academic/Plenum Press, New York.
21. **Burney, D. A., James, H. F., Grady, F. V., Rafamantanantsoa, J.-G., Ramilisonina, Wright, H. T & Cowart, J. B. 1997**. Environment change, extinction and human activity: Evidence from caves in NW Madagascar. *Journal of Biogeography*, 24: 755-767.
22. **Burney, D. A., Burney, L. P., Godfrey, L. R., Jungers, W. L., Goodman, S. M., Wright, H. T. & Jull, A. J. T. 2004**. A chronology for late prehistoric Madagascar. *Journal of Human Evolution*, 47: 25-63.
23. **Burney, D. A., Vasey, N., Godfrey, L. R., Ramilisonina, Jungers, W. L., Ramarolahy, M. & Raharivony, L. 2008**. New findings at Andrahomana Cave, southeastern Madagascar. *Journal of Cave and Karst Studies*, 70: 13–24.
24. **Cauderay, H. 1931**. Etude sur l'*Aepyornis*. *L'Oiseau et la Revue française d'Ornithologie*, 1: 624-644.
25. **Charles-Dominique, P. 1976**. Les gommes dans le régime alimentaire de *Coua cristata* à Madagascar. *L'Oiseau et Revue française d'Ornithologie*, 46: 174–178.
26. **Chouteau, P. 2007**. The impact of burning on the microhabitat used by two species of couas in the western dry forest of Madagascar. *Ostrich*, 78: 43-49.
27. **Chouteau, P. & Fenosoa, R. 2008**. Seasonal effects on foraging behaviour of two sympatric species of couas in the western dry forest of Madagascar. *African Journal of Ecology*, 46: 248-257.
28. **Cibois, A., Pasquet, E. & Schulenberg, T. S. 1999**. Molecular systematics of the Malagasy babblers (Passerifomes: Timaliidae) and warblers (Passeriformes: Sylviidae), based on cytochrome b and 16S rRNA sequences. *Molecular Phylogenetics and Evolution*, 13: 581-595.
29. **Cibois, A., Slikas, B., Schulenberg, T. S. & Pasquet, E. 2001**. An endemic radiation of

Malagasy songbirds is revealed by mitochondrial DNA sequence data. *Evolution*, 55: 1198-1206.

30. **Cibois, A., Davis, N., Gregory, S. M. S. & Pasquet, E. 2010**. Bernieridae (Aves: Passeriformes): A family group name for the Malagasy sylvioid radiation. *Zootaxa*, 2554: 65-68.

31. **Clarke, J. A., Tambussi, C. P., Noriega, J. I., Erickson, G. M. & Ketcham, R. A. 2005.** Definitive fossil evidence for the extant avian radiation in the Cretaceous. *Nature*, 433: 305-308.

32. **Colston, P. 1972**. A new bulbul from southwestern Madagascar. *Ibis*, 114: 89-92.

33. **Cruaud, A., Raherilalao, M. J., Pasquet, E. & Goodman, S. M. 2011**. Phylogeography and systematics of the Malagasy rock-thrushes (Muscicapidae, Monticola). *Zoologica Scripta*, 40: 554-566.

34. **De Wit, M. 2003**. Madagascar: Heads it's a continent, tail it's an island. *Annual Review of Earth Planetary Science*, 31: 213-248.

35. **Dollar, L., Ganzhorn, J. U. & Goodman, S. M. 2007**. Primates and other prey in the seasonally variable diet of *Cryptoprocta ferox* in the dry deciduous forest of western Madagascar. In *Primate anti-predator strategies*, eds. S. Gursky & K. A. I. Nekaris, pp. 63-76. Springer, New York.

36. **Eguchi, K., Nagata, H. & Yamagishi, S. 1993**. The mixed-species flocks of birds in a dry deciduous forest of Madagascar. *Japanese Journal of Ornithology*, 42: 27-29.

37. **Eguchi, K., Yamagichi, S. & Randrianasolo, V. 1993**. The composition and foraging behaviour of mixed-species flocks of forest-living birds in Madagascar. *Ibis*, 135: 91-96.

38. **Eguchi, K., Yamagichi, S., Asai, S., Nagata, H. & Hino, T. 2009**. Helping does not enhance reproductive success of cooperatively breeding rufous vanga in Madagascar. *Journal of Animal Ecology,* 71: 123-130.

39. **Eguchi, K., Asai, S. & Yamagishi, S. 2009**. Individual differences in the helping behaviors of cooperatively breeding rufous vangas. *Ornithological Science*, 8: 5-13.

40. **Fain, M. G. & Houde, P. 2004**. Parallel radiations in the primary clades of birds. *Evolution*, 58: 2558–2573.

41. **FAO. 1991**. Annuaire des produits forestiers 1988. Food and Agriculture Organization of the United Nations, Rome.

42. **Fjeldså, J., Goodman, S. M., Schulenberg, T. S. & Slikas, B. 1999**. Molecular evidence for relationship of Malagasy birds: In *Proceedings 22nd International Ornithological Congress*, eds. N. J. Adams & R. H. Slotow, pp, 3084-3094. BirdLife South Africa, Johannesburg.

43. **Flacourt, E. de. 1658** [reprinted in 1995]. *Histoire de la Grande Isle Madagascar*. Edition présentée et annotée par Claude Allibert. INALCO-Karthala, Paris.

44. **Forster, C. A., Chiappe, L. M., Krause, D. W. & Sampson, S. D. 1996**. The first Cretaceous bird

from Madagascar. *Nature*, 382: 532-534.

45. **Forster, C. A., Sampson, S. D., Chiappe, L. M. & Krause, D. W. 1998**. The theropod ancestry of birds: New evidence from the Late Cretaceous of Madagascar. *Science*, 279: 1915-1919.

46. **Forster, C. A., Sampson, S. D., Chiappe, L. M. & Krause, D. W. 1998**. Genus correction. *Science*, 280: 179.

47. **Fuchs, J., Pons, J.-M., Pasquet, E., Raherilalao M. J. & Goodman, S. M. 2007**. Geographical structure of the genetic variation in the Malagasy scops-owl (*Otus rutilus* s.l.) inferred from mitochondrial sequence data. *The Condor*, 109: 409-418.

48. **Fuchs, J., Pons, J.-M., Goodman, S. M., Bretagnolle, V., Melo, M., Bowie, R. C. K., Currie, D., Lessels, K., Safford, R., Virani, M. Cruaud, C. & Pasquet, E. 2008.** Tracing the colonisation history of the Indian Ocean Scops-owls (Strigiformes: *Otus*) with further insights into the spatio-temporal origin of the Malagasy avifauna. *BMC Evolutionary Biology*, 2008, 8: 197.

49. **Gallai, N, Salles, J.-M., Settele, J. & Vaissière, B. E. 2009**. Economic valuation of the vulnerability of world agriculture confronted with pollinator decline. *Ecological Economics*, 68: 810-821.

50. **Garcia, G. & Goodman, S. M. 2003.** Hunting of protected animals in the Parc National d'Ankarafantsika, north-western Madagascar. *Oryx*, 37: 115-118.

51. **Geoffroy Saint Hilaire, I. 1851**. Notes sur des ossements et des œufs à Madagascar dans les alluvions modernes et provenant d'un oiseau gigantesque. *Compte Rendus de l'Académie des Sciences, Paris*, 32: 101-107.

52. **Godfrey, L. R., Jungers, W. L., Simons, E. L., Chatrath, P. S. & Rakotosaminanana, B. 1999**. Past and present distributions of lemurs in Madagascar. In *New directions in lemur studies*, eds. B. Rakotosamimanana, H. Rasamimanana, J. U. Ganzhorn & S. M. Goodman, pp. 19-53. Kluwer Academics/Plenum Publishers, New York.

53. **Golden, C. D. 2005**. Eaten to endangerment: Mammal hunting and the bushmeat trade in Madagascar's Makira Forest. Honors thesis, Bachelor of Arts, Harvard College.

54. **Goodman, S. M. 1993**. A reconnaissance of Ile Sainte Marie, Madagascar: The status of the forest, avifauna, lemurs and fruit bats. *Biological Conservation*, 65: 205-212.

55. **Goodman, S. M. 1994**. Description of a new species of subfossil eagle from Madagascar: *Stephanoaetus* (Aves: Falconiformes) from the deposits of Ampasambazimba. *Proceedings of the Biological Society of Washington*, 107: 421-428.

56. **Goodman, S. M. 1994.** A description of the ground burrow of *Eliurus webbi* (Nesomyinae) and case of cohabitation with an endemic bird (Brachypteraciidae,

Brachypteracias). *Mammalia*, 58: 670-672.

57. **Goodman, S. M. 1996**. Description of a new species of subfossil lapwing (Aves, Charadriiformes, Charadriidae, Vanellinae) from Madagascar. *Bulletin du Muséum National d'Histoire Naturelle, Paris,* série 4, section C, 18: 607-614.

58. **Goodman, S. M. 1999**. Holocene bird subfossils from the sites of Ampasambazimba, Antsirabe and Ampoza, Madagascar: Changes in the avifauna of south central Madagascar over the past few millennia. In *Proceedings of the 22nd International Ornithological Congress*, Durban, eds. N. J. Adams and R. H. Slotow, pp. 3071-3083. BirdLife South Africa, Johannesburg.

59. **Goodman, S. M. 2000.** A description of a new species of *Brachypteracias* (Family Brachypteraciidae) from the Holocene of Madagascar. *Ostrich*, 71: 318-322.

60. **Goodman, S. M. & Ganzhorn, J. U. 1997**. Rarity of figs (*Ficus*) on Madagascar and its relationship to a depauperate frugivore community. *Revue d'Ecologie*, 52: 321-329.

61. **Goodman, S. M. & Hawkins, A. F. A. 2008.** Les oiseaux. Dans *Paysages naturels et biodiversité de Madagascar*, ed. S. M. Goodman, pp. 383-434. Muséum national d'Histoire naturelle, Paris.

62. **Goodman, S. M. & Parrillo, P. 1997**. A study of the diets of Malagasy birds based on stomach contents. *Ostrich*, 68: 104-113.

63. **Goodman, S. M. & Putnam, M. S. 1996**. The birds of the eastern slopes of the Réserve Naturelle Intégrale d'Andringitra, Madagascar. In A floral and faunal inventory of the eastern slopes of the Réserve Naturelle Intégrale d'Andringitra, Madagascar: With reference to elevation variation, ed. S. M. Goodman. *Fieldiana: Zoology*, new series, 85: 171-190.

64. **Goodman, S. M. & Raherilalao, M. J. 2003**. Effects of forest fragmentation on bird communities. In *The natural history of Madagascar*, eds. S. M. Goodman & J. P. Benstead, pp. 1064-1066. The University of Chicago Press, Chicago.

65. **Goodman, S. M. & Rakotozafy, L. M. A. 1995**. Evidence for the existence of two species of *Aquila* on Madagascar during the Quaternary. *Geobios*, 28: 241-246.

66. **Goodman, S. M. & Rakotozafy, L. M. A. 1997**. Subfossil birds from coastal sites in western and southwestern Madagascar: A paleoenvironmental reconstruction. In *Natural change and human impact in Madagascar*, eds. S. M. Goodman and B. D. Patterson, pp. 257-279. Smithsonian Institution Press, Washington, D. C.

67. **Goodman, S. M. & Raselimanana, A. 2003**. Hunting of wild animals by Sakalava of the Menabe region: A field report from Kirindy-Mite. *Lemur News*, 8: 4-6.

68. **Goodman, S. M. & Ravoavy, F. 1993**. Identification of bird subfossils from cave surface deposits at Anjohibe, Madagascar, with a description of a new giant *Coua* (Cuculidae: Couinae). *Proceedings of the Biological Society of Washington*, 106: 24-33.
69. **Goodman, S. M. & Wilmé, L. 2003**. *Coua* spp., couas. In *The natural history of Madagascar*, eds. S. M. Goodman & J. P. Benstead, pp. 1102-1108. The University of Chicago Press, Chicago.
70. **Goodman, S. M., Langrand, O. & Whitney, B. M. 1996**. A new genus and species of passerine from the eastern rain forest of Madagascar. *Ibis*, 138: 153-159.
71. **Goodman, S. M., Pidgeon, M., Hawkins, A. F. A. & Schulenberg, T. S. 1997**. The birds of southeastern Madagascar. *Fieldiana: Zoology*, new series, 87: 1-132.
72. **Goodman, S. M., Hawkins, A. F. A. & Domergue, C. A. 1997.** A new species of vanga (Vangidae, *Calicalicus*) from southwestern Madagascar. *Bulletin of the British Ornithologists' Club*, 117: 4-10.
73. **Goodman, S. M., Rene de Roland, L.-A. & Thorstrom, R. 1998**. Predation on the eastern woolly lemur *Avahi laniger* and other vertebrates by Henst's Goshawk *Accipiter henstii* in Madagascar. *Lemur News*, 3: 14-15.
74. **Goodman, S. M., Hawkins, A. F. A. & Razafimahaimodison, J.-C. 2000**. Birds of the Parc National de Marojejy, Madagascar: With reference to elevational variation. In A floral and faunal inventory of the Parc National de Marojejy, Madagascar: With reference to elevation variation, ed. S. M. Goodman. *Fieldiana: Zoology*, new series, 97: 175-200.
75. **Goodman, S. M., Soarimalala, V. R. L. & Ganzhorn, J. U. 2004**. La chasse aux animaux sauvages dans la forêt de Mikea. Dans Inventaire floristique et faunistique de la forêt de Mikea : Paysage écologique et diversité biologique d'une préoccupation majeure pour la conservation, eds. A. Raselimanana & S. M. Goodman. *Recherches pour le Développement, série Sciences Biologiques*, 21: 95-100.
76. **Goodman, S. M., Raherilalao, M. J. & Block, N. L. 2011.** Patterns of morphological and genetic variation in the *Mentocrex kioloides* complex (Aves: Gruiformes: Rallidae) from Madagascar, with the description of a new species. *Zootaxa*, 2776: 49-60.
77. **Graetz, J. 1991**. Nest observation of helmet vanga, *Euryceros prevostii*. *Working Group on Birds in the Madagascar Region*, 1: 2.
78. **Grandidier, G. 1902**. Observations sur les lémuriens disparus de Madagascar. Collections Alluaud, Gaubert, Grandidier. *Bulletin du Muséum d'Histoire naturelle*, Paris, 7: 587-592.
79. **Hackett, S. J., Kimball, R. T., Reddy, S., Bowie, R. C. K., Braun, E. L., Braun, M. J., Chojnowski, J. L., Cox, W. A., Han, K.-L., Harshman, J., Huddleston, C. J., Marks, B.**

D., Miglia, K. J., Moore, W. A., Sheldon, F. H., Steadman, D. W., Witt, C. C. & Yuri, T. 2008. A phylogenomic study of birds reveals their evolutionary history. *Science*, 320: 1763-1768.

80. **Harper, G. J., Steininger, M. K., Tucker, C. J., Juhn, D. & Hawkins, F. 2007**. Fifty years of deforestation and forest fragmentation in Madagascar. *Environmental Conservation*, 34: 325–333.

81. **Hawkins, A. F. A. 1994**. The nest of Schlegel's asity *Philepitta schlegeli*. *Bulletin of African Bird Club*, 1: 77-78.

82. **Hawkins, A. F. A. 1994**. Density estimates and conservation status of the white-breasted mesite (*Mesitornis variegata*), a rare Malagasy endemic. *Bird Conservation International* 4: 279-303.

83. **Hawkins, A. F. A. 1994**. Forest degradation and the western Malagasy forest bird community. Ph.D. thesis, University of London.

84. **Hawkins, A. F. A. 1999**. Altitudinal and latitudinal distribution of the eastern Malagasy forest bird communities. *Journal of Biogeography*, 26: 447-458.

85. **Hawkins, A. F. A. & Wilmé, L. 1996**. Effects of logging on forest birds. In *Ecology and economy of a tropical dry forest in Madagascar*, eds. J. U. Ganzhorn & J.-P. Sorg. *Primate Report*, 46–1: 203–213.

86. **Hawkins, A. F. A., Thiollay, J.-M. & Goodman, S. M. 1998**. The birds of the Réserve Spéciale d'Anjanaharibe-Sud, Madagascar. In A floral and faunal inventory of the Réserve Spéciale d'Anjanaharibe-Sud, Madagascar: With reference to elevation variation, ed. S. M. Goodman. *Fieldiana: Zoology*, new series, 90: 93-127.

87. **Hino, T. 2002**. Breeding bird community and mixed-species flocking in a deciduous broad-leaved forest in western Madagascar. *Ornithological Science*, 1: 111-116.

88. **Houde, P., Cooper, A., Leslie, E., Strand, A. E. & Montaño, G. A. 1997**. Phylogeny and evolution of 12S rDNA in Gruiformes (Aves). In *Avian molecular evolution and systematics*, ed. D. P. Mindell, pp. 121-158. Academic Press, San Diego.

89. **IUCN. 2011**. IUCN Red List of Threatened Species. Version 2011.1. <www.iucnredlist.org>. Downloaded on 15 August 2011.

90. **Johansson, U. S., Bowie, R. C., Hackett, S. J. & Schulenberg, T. S. 2008**. The phylogenetic affinities of Crossley's babbler (*Mystacornis crossleyi*): Adding a new niche to the vanga radiation of Madagascar. *Biology Letters*, 23: 677-680.

91. **Johnson, K. P., Goodman, S. M. & Lanyon, S. M. 2000**. A phylogenetic study of the Malagasy couas with insights into cuckoo relationships. *Molecular Phylogenetics and Evolution*, 14: 436-444.

92. **Kirchman, J. J., Hackett, S. J., Goodman S. M. & Bates, J. M. 2001**. Phylogeny and systematics of ground rollers (Brachypteraciidae)

of Madagascar. *The Auk*, 118: 849-863.

93. **Koechlin, J., Guillamet, J.-L. & Morat, P. 1974**. *Flore et végétation de Madagascar*. J. Cramer Verlag, Vaduz.

94. **Krause, D. W., Hartman, J. H. & Wells, N. A. 1997**. Late Cretaceous vertebrates from Madagascar. In *Natural change and human impact in Madagascar*, eds. S. M. Goodman & B. D. Patterson, pp. 3-43. Smithsonian Institution Press, Washington, D. C.

95. **Krause, D. W., Rogers, R. R., Forster, C. A., Hartman, J. H., Buckley, G. A. & Sampson, S. D. 1999.** The Late Cretaceous vertebrate fauna of Madagascar: Implications for Gondwanan paleobiogeography. *GSA Today*, 9(8):1-7.

96. **La Marca, G. & Thorstrom, R. 2000**. Breeding biology, diet and vocalization of the helmet vanga, *Euryceros prevostii*, on the Masoala Peninsula, Madagascar. *Ostrich*, 71: 400-403.

97. **Lamberton, C. 1934**. Contribution à la connaissance de la Faune subfossile de Madagascar. Lémuriens et Ratites. *Mémoires de l'Académie Malgache*, 17: 1-168.

98. **Langrand, O. 1990.** *Guide to the birds of Madagascar.* Yale University Press, New Haven.

99. **Langrand, O. 1995.** *Guide des oiseaux de Madagascar.* Delachaux et Niestlé, Lausanne.

100. **Langrand, O. & Goodman, S. M. 1994**. Les oiseaux. Dans Inventaire biologique forêt de Vohibasia et d'Isoky–Vohimena, eds. O. Langrand & S. M. Goodman. *Recherches pour le Développement, série Biologiques*, 12: 131-143.

101. **Langrand, O. & von Bechtolsheim, M. 2009.** New distributional record of Appert's tetraka (*Xanthomixis apperti*) from Salary Bay, Mikea Forest, Madagascar. *Malagasy Nature*, 2: 172-174.

102. **Langrand, O. & Wilmé, L. 1997**. Effects of forest fragmentation on extinction patterns of the endemic avifauna on the Central High Plateau of Madagascar. In *Natural change and human impact in Madagascar*, eds. S. M. Goodman & B. D. Patterson, pp. 280-305. Smithsonian Institution Press, Washington, D. C.

103. **Lavauden, L. 1931**. Animaux disparus et légendaires de Madagascar. *Revue Scientifique, Paris*, 69: 297-308.

104. **Leclaire, L., Bassias, Y., Clocchiatti, M. & Segoufin, J. 1989**. La Ride de Davie dans le Canal de Mozambique: Approche stratigraphique et géodynamique. *Compte Rendu de l'Académie des Sciences de Paris*, série II, 308: 1077-1082.

105. **Leisler, B., Heidrich, P., Schulze-Hagen, K. & Wink, M. 1997**. Taxonomy and phylogeny of reed warblers (genus *Acrocephalus*) based on mtDNA sequences and morphology. *Journal für Ornithologie*, 138: 469-496.

106. **LeNoble, A. 1940**. Etudes sur la Géologie de Madagascar. Note 3: Le massif volcanique de

l'Itasy. *Mémoires de l'Académie Malgache*, 32: 43-80.

107. **Lévêque, C. 2001**. *Ecologie: De l'écosystème à la biosphère*. Dunod, Paris.

108. **Livezey, B. C. 1986.** A phylogenetic analysis of recent anseriform genera using morphological characters. *The Auk*, 103: 737-754.

109. **Livezey, B. C. 1998**. A phylogenetic analysis of the Gruiformes (Aves) based on morphological characters, with emphasis on the rails (Rallidae). *Philosophical Transactions, Royal Society, London B*, 353: 2077-2151.

110. **Livezey, B. C. & Zusi, R. L. 2007**. Higher-order phylogeny of modern birds (Theropoda, Aves: Neornithes) based on comparative anatomy. II. Analysis and discussion. *Zoological Journal of the Linnaean Society*, 149: 1-95.

111. **MacPhee, R. D. E., Burney, D. A. & Wells, N. A. 1985**. Early Holocene chronology and environment of Ampasambazimba, a Malagasy subfossil lemur site. *International Journal of Primatology*, 6: 463-489.

112. **Manegold, A. 2008.** Composition and phylogenetic affinities of vangas (Vangidae, Oscines, Passeriformes) based on morphological characters. *Journal of Zoological Systematics and Evolutionary Research*, 46: 267-277.

113. **Marks, B. D. & Willard, D. E. 2005**. Phylogenetic relationship of the Madagascar pygmy kingfisher (*Ispidina madagascariensis*). *The Auk*, 122: 1271-1280.

114. **Mayr, G. & Mourer-Chauviré, C. 2000**. Rollers (Aves: Coraciiformes s.s.) from the Middle Eocene of Messel (Germany) and the Upper Eocene of the Quercy (France). *Journal of Vertebrate Paleontology*, 20: 533-546.

115. **McCall, R. A. 1997**. Implications of recent geological investigations of the Mozambique Channel for the mammalian colonization of Madagascar. *Proceedings of the Royal Society of London*, 264: 663-665.

116. **Milne Edwards, A. & Grandidier, A. 1878**. Histoire naturelle des oiseaux. Dans *Histoire physique, naturelle et politique*, ed. A. Grandidier. Imprimerie Nationale, Paris.

117. **Milne-Edwards, A. & Grandidier, A. 1895**. Sur des ossements d'oiseaux provenant des terrains récents de Madagascar. *Bulletin du Muséum d'Histoire naturelle*, Paris 1: 9-11.

118. **Milon, P. 1950**. Description d'une sous-espèce nouvelle d'Oiseau de Madagascar. *Bulletin du Muséum national d'Histoire naturelle*, série 2, 22: 65-66.

119. **Milon, P. 1952**. Notes sur le genre *Coua*. *L'Oiseau et la Revue française d'Ornithologie*, nouvelle série, 22: 75-90.

120. **Milon, P., Petter, J.-J. & Randrianasolo, G. 1973**. *Faune de Madagascar*, 35: Oiseaux. ORSTOM & CNRS, Tananarive & Paris.

121. **Mlíkovsky, J. 2006**. Subfossil birds of Andrahomana,

southeastern Madagascar. *Annales Naturhistorisches Museum Wien*, 107A: 87-92.

122. **Moat, J. & Smith, P. 2007**. *Atlas de la végétation de Madagascar*. Royal Botanic Garden, Kew.

123. **Monnier, L. 1913**. Les Aepyornis. *Annales de Paléontologie*, 8: 125-172.

124. **Moreau, R. E. 1966**. *The bird faunas of Africa and its islands*. Academic Press, New York.

125. **Morris, P. & Hawkins, F. 1998**. *Birds of Madagascar: A photographic guide*. Yale University Press, New Haven.

126. **Moyle, R. G., Chesser, T., Prum, R. O., Schikler, P. & Cracraft, J. 2006**. Phylogeny and evolutionary history of Old World suboscine birds (Aves: Eurylaimides). *American Museum Novitates*, 3544: 1-22.

127. **Moyle, R. G., Cracraft, J., Lakim, M., Nais, J. & Sheldon, F. H. 2006**. Reconsideration of the phylogenetic relationships of the enigmatic Bornean bristlehead (*Pityriasis gymnocephala*). *Molecular Phylogenetics and Evolution*, 39: 893–898.

128. **Nakamura, N., Okamiya, T., Hasegawa, M. & Hasegawa, M. 2009.** Cooperative breeding in the endemic Madagascan Chabert's vanga *Leptopterus chabert*. *Ornithological Science*, 8: 23-27.

129. **Nakamura, M., Taleno, M. & Rakotomanana, H. 2009**. Breeding ecology of the tylas vanga *Tylas eduardi* in southeastern Madagascar. *Ornithological Science*, 8: 15-22.

130. **Payne, R. B. 1997**. Family Cuculidae. In *Handbook of the birds of the World. Volume 4. Sandgrouse to Cuckoos*, eds. J. del Hoyo, A. Elliot & J. Sargatal, pp. 508-607. Lynx Edicions, Barcelona.

131. **Peters, D. S. 1996.** *Hypositta perdita* n. sp., eine neue Vogelart aus Madagaskar (Aves: Passeriformes: Vangidae). *Senckenbergiana Biologica*, 76: 7-14.

132. **Pons, P. & Wendenburg, C. 2005.** The impact of fire and forest conversion into savanna on the bird communities of west Madagascan dry forests. *Animal Conservation*, 8: 183-193.

133. **Prum, R. O. 1993**. Phylogeny, biogeography, and evolution of the broadbills (Eurylaimidae) and asities (Philepittidae) based on morphology. *The Auk*, 110: 304-324.

134. **Prum, R. & Brush, A. H. 2002**. The evolutionary origin and diversification of feathers. *The Quarterly Review of Biology*, 77: 261-295.

135. **Prum, R. & Razafindratsita, V. 1997**. Lek behavior and natural history of the velvet asity (*Philepitta castanea*: Eurylaimidae). *Wilson Bulletin*, 109: 371–392.

136. **Prum, R. O. & Razafindratsita, V. R. 2003**. Philepittinae, asities and sunbird-asities. In *The natural history of Madagascar*, eds. S. M. Goodman & J. P. Benstead, pp. 1123-1130. The University of Chicago Press, Chicago.

137. **Prum, R. O. & Torres, R. H. 2003.** Structural colouration of

avian skin: Convergent evolution of coherently scattering dermal collagen arrays. *Journal of Experimental Biology*, 206: 2409-2429.

138. **Prum, R. O., Torres, R. H., Kovach, C., Williamson, S. & Goodman, S. M. 1999**. Coherent light scattering by nanostructured collagen arrays in the caruncles of the Malagasy asities (Eurylamidae: Aves). *Journal of Experimental Biology*, 202: 3507-3522.

139. **Putnam, M. S. 1996**. Aspects of the breeding biology of Pollen's vanga (*Xenopirostris polleni*) in southeastern Madagascar. *The Auk*, 113: 233-236.

140. **Rabinowitz, P. D. & Woods, S. 2006**. The Africa–Madagascar connection and mammalian migrations. *Journal of African Earth Science*, 40: 270–276.

141. **Raherilalao, M. J. 2001**. Effets de la fragmentation de la forêt sur les oiseaux autour du parc National de Ranomafana (Madagascar). *Revue d'Ecologie*, 56: 389-406.

142. **Raherilalao, M. J. & Wilmé, L. 2008**. L'avifaune des forêts sèches malgaches. Dans Les forêts sèches de Madagascar, eds. S. M. Goodman & L. Wilmé. *Malagasy Nature*, 1: 76-105.

143. **Raherilalao, M. J., Razafindratsita, V., Goodman, S. M. & Rakotoniaina, J. C. 2001**. L'avifaune du Parc National de Ranomafana et du couloir forestier entre Andringitra et Ranomafana. Dans Inventaire biologique du Parc National de Ranomafana et du couloir forestier qui la relie au Parc National d'Andringitra, eds. S. M. Goodman & V. Razafindratsita. *Recherche pour le Développement, série Sciences Biologiques*, 17: 165-195.

144. **Raherilalao, M. J., Gautier, F. & Goodman, S. M. 2002**. Les oiseaux de la Réserve Spéciale de Manongarivo, Madagascar. Dans Inventaire floristique et faunistique de la Réserve Spéciale de Manongarivo (NW Madagascar), eds. L. Gautier & S. M. Goodman. *Boissiera*, 59: 359-381.

145. **Raikow, R. J. 1987**. Hindlimb myology and evolution of the Old World suboscine passerine birds (Acanthisittidae, Pittidae, Philepittidae, Eurylaimidae). *Ornithological Monographs*, 41: 1-81.

146. **Rakotomanana, H. 1998**. Seed dispersal by the velvet asity *Philepitta castanea* in the Madagascar rain forest. *Ostrich*, 69: 375-376.

147. **Rakotomanana, H. & Hino, T. 1998**. Fruit preference in the velvet asity *Philepitta castanea* in a rain forest of Madagascar. *Japanese Journal of Ornithology*, 47: 11-19.

148. **Rakotomanana, H. & Rene de Roland, L.-A. 2007**. Breeding ecology of the endemic, Madagascan, velvet asity *Philepitta castanea*. *Ornithological Science*, 6: 79-85.

149. **Rakotomanana, H., Tateno, M. & Nakamura, M. 2009.** Breeding ecology of the Malagasy endemic red-tailed vanga *Calicalicus madagascariensis*. *Ornithological Science*, 8: 29-35.

150. **Ramanitra, N. A. 2006**. Contribution aux études écologique et biologique de trois espèces sympatriques de Cuculidae dans les forêts d'Andapa: *Coua caerulea, Coua serriana, Coua reynaudii.* Thèse de Doctorat, Université d'Antananarivo, Antananarivo.
151. **Rand, A. L. 1936**. The distribution and habits of Madagascar birds. *Bulletin of the American Museum of Natural History*, 72: 143-499.
152. **Randriamalala, H. & Liu, Z. 2010**. Rosewood of Madagascar: Between democracy and conservation. *Madagascar Conservation Development*, 5(1): 11-22.
153. **Razafindratsita, V. 1995**. Etude biologique et écologique de *Philepitta castanea* (Müller 1776) et son rôle dans la régénération de sous bois forestier du Parc National de Ranomafana. Mémoire de Diplôme d'Etudes Approfondies des Sciences BiologiquesAppliquées, Université d'Antananarivo, Antananarivo.
154. **Razafindratsita, V. & Zack, S. 2009**. Frugivory and facilitation of seed germination by the velvet asity, *Philepitta castanea* (Müller, 1776), in the rainforest understory of Ranomafana National Park, Madagascar. *Malagasy Nature*, 2: 154-159.
155. **Renoult, J. P. 2009**. The sooty gull, *Larus hemprichii* (Aves: Laridae), on Nosy Ve: First records for Madagascar. *Malagasy Nature*, 2: 174-176.
156. **Sampson, S. D. & Krause, D. W. (editors). 2007**. Majungasaurus crenatissimus *(Theropoda: Abelisauridae) from the Late Cretaceous of Madagascar.* Society of Vertebrate Paleontology Memoir.
157. **Schulenberg, T. S. 1995**. Evolutionary history of the vangas (Vangidae) of Madagascar. Ph.D. thesis, University of Chicago, Chicago.
158. **Schulenberg, T. S. 2003**. Vangidae, vangas. In *The natural history of Madagascar*, eds. S. M. Goodman & J. P. Benstead, pp. 1138–1143. The University of Chicago Press, Chicago.
159. **Schulenberg, T. S. & Randrianasolo, H. 2002.** A rapid ornithological assessment of the Réserve Naturelle Intégrale d'Ankarafantsika. In A biological assessment of the Réserve Naturelle Intégrale d'Ankarafantsika, Madagascar, eds. L. E. Alonso, T. S. Schulenberg, S. Radilofe & O. Missa. RAP Bulletin of Biological Assessment No. 23. Conservation International, Washington, D. C.
160. **Schulter, D. 2000**. *The ecology of adaptive radiation.* Oxford University Press, Oxford.
161. **Schweitzer, M. H., Watt, J. A., Avci, R., Forster, C. A., Krause, D. W., Knapp, L., Rogers, R. R., Beech, I. & Marshall, M. 1999**. Keratin immunoreactivity in the Late Cretaceous bird *Rahonavis ostromi. Journal of Vertebrate Paleontology*, 19: 712-722.
162. **Seddon, N. 2002.** The structure, context and possible functions of solos, duets and choruses in the subdesert mesite (*Monias*

benschi). *Behaviour*, 139: 645-676.

163. **Seddon, N. & Tobias, J. A. 2003**. Communal singing in the cooperatively breeding subdesert mesite *Monias benschi*: Evidence of numerical assessment? *Journal of Avian Biology*, 34: 72–80.

164. **Seddon, N., Butchart, S. H. M. & Odling-Smee, L. 2002.** Duetting in the subdesert mesite *Monias benschi*: Evidence for acoustic mate defence? *Behavioral Ecology and Scoiobiology*, 52: 7-16.

165. **Seddon, N., Tobias, J. A. & Butchart, S. H. M. 2003**. Group living breeding behaviour and territoriality in the subdesert mesite *Monias benschi*. *Ibis*, 145: 277-294.

166. **Seddon, N., Amos, A., Mulder, R. A. & Tobias, J. A. 2004**. Male heterozygosity predicts territory size, song structure reproductive success in a cooperatively breeding bird. *Proceedings of the Royal Society of London B*, 271: 1823-1829.

167. **Seddon, N., Amos, W., Adcock, G. J., Johnson, P., Kraaijeveld, K., Kraaijeveld-Smit, F. J. L., Lee, W., Senapathi, G. D., Mulder, R. A. & Tobias, J. A. 2005**. Mating system, philopatry and patterns of kinship in the cooperatively breeding subdesert mesite *Monias benschi*. *Molecular Ecology*, 14: 3573-3583.

168. **Sinclair, I. & Langrand, O. 1998**. *Birds of the Indian Ocean islands*. Struik Publishers, Cape Town.

169. **Sorensen, M. D. & Payne, R. B. 2005.** A molecular genetic analysis of cuckoo phylogeny. In *The cuckoos*, ed. R. B. Payne, pp. 68-94. Oxford University Press, Oxford.

170. **Thomas, H., Kidney, D., Rubio, P. & Fanning, E. (eds.). 2005**. *The southern Mikea: A biodiversity survey*. Frontier-Madagascar Environmental Research, Society for Environmental Exploration, and Institut Halieutique et des Sciences Marines, Toliara, Report 12.

171. **Thorstrom, R. & Rene de Roland, L.-A. 2001.** First nest descriptions, nesting biology and food habits for Bernier's vanga, *Oriolia bernieri*, in Madagascar. *Ostrich*, 72: 165-168.

172. **Tobias, J. A. & Seddon, N. 2002.** Estimating population size in the subdesert mesite: New methods and implications for conservation. *Biological Conservation*, 108: 199-212.

173. **Tovondrafale, T. 1994**. Contribution à la connaissance des Aepyornithidae : Etude de leurs œufs dans deux gisements de l'extrême Sud de Madagascar et discussion comparatives sur leur éco-éthologie et les causes de leur disparition. Mémoire de Diplôme d'Etudes Approfondies, Université d'Antananarivo, Antananarivo.

174. **UICN. 1996.** *L'atlas pour la conservation des forêts tropicales d'Afrique*. Editions Jean Pierre de Monza, Paris.

175. **Vidal Romani, J. R., Mosquera, D. F. & Campos, M. L. 2002**. A 12,000 yr BP record from Andringitra Massif, (southern Madagascar): Post-glacial environmental

evolution from geomorphological and sedimentary evidence. *Quaternary International*, 93: 45-51.

176. **Watson, J. E. M. 2007**. Conservation of bird diversity in Madagascar's southeastern littoral forests. In *Biodiversity, ecology and conservation of the littoral ecosystems in southeastern Madagascar, Tolagnaro (Fort Dauphin)*, eds. J. U. Ganzhorn, S. M. Goodman & M. Vincelette, pp. 187-207. Smithsonian Institution/Monitoring and Assessment of Biodiversity Program Series #11. Smithsonian Institution, Washington, D. C.

177. **Wiley, R. H. & Rabenold, K. N. 1984**. The evolution of cooperative breeding by delayed reciprocity and queuing for favorable social positions. *Evolution*, 38: 609-621.

178. **Wilmé, L. 1996**. Composition and characteristics of bird communities in Madagascar. Dans *Biogéographie de Madagascar*, ed. W. R. Lourenço, pp. 349-362. ORSTOM Editions, Paris.

179. **Wilmé, L. & Goodman, S. M. 2003**. Biogeography, guild, structure, and elevational variation of Madagascar forest birds. In *The natural history of Madagascar*, eds. S. M. Goodman & J. P. Benstead, pp. 1045-1058. The University of Chicago Press, Chicago.

180. **Wiman, C. 1935**. Über Aepyornithes. *Nova Acta Regiae Societatis Scientiarum Upsaliensis*, series 4, 9, no. 12.

181. **Xu, X., You, H., Du, K. & Han, F. 2011**. An *Archaeopteryx*-like theropod from China and the origin of Avialae. *Nature*, 475: 465-470.

182. **Yamagishi, S. & Eguchi, K. 1996**. Comparative foraging ecology of Madagascar vangids (Vangidae). *Ibis*, 138: 283-290.

183. **Yamagishi, S., Honda, M., Eguchi, K. & Thorstrom, R. 2001**. Extreme endemic radiation of the Malagasy vangas (Aves: Passeriformes). *Journal of Molecular Evolution*, 53: 39-46.

184. **Yapp, W. B. 1970**. *The life and organization of birds: Contemporary biology*. American Elsevier Publishing Company Inc., New York.

INDEX

Index des noms scientifiques d'oiseaux mentionnés dans le texte.